輕型創業手冊

清潔業的$一桶金

★微創業不難，人人都能晉升微型創業家★

葉媽媽居家清潔創辦人
葉芷蘭 ◎著

清潔業的一桶金：輕型創業手冊

出版者●集夢坊．華文自資出版平台
作者●葉芷蘭
印行者●全球華文聯合出版平台
總顧問●王寶玲
出版總監●歐綾纖
副總編輯●陳雅貞
責任編輯●吳欣怡
美術設計● MOMO
內文排版●陳君鳳

國家圖書館出版品預行編目（CIP）資料

清潔業的一桶金：輕型創業手冊／葉芷蘭著．新北市：集夢坊出版，采舍國際有限公司發行
2024.7　面；　公分
ISBN 978-626-97821-4-7（平裝）
1. 創業　2. 家事服務員　3. 企業管理
494.1　113006219

台灣出版中心●新北市中和區中山路 2 段 366 巷 10 號 10 樓
電話● (02)2248-7896　傳真● (02)2248-7758
ISBN ● 978-626-97821-4-7
出版日期● 2024 年 7 月初版

郵撥帳號● 50017206 采舍國際有限公司（郵撥購買，請另付一成郵資）
全球華文國際市場總代理●采舍國際 www.silkbook.com
地址●新北市中和區中山路 2 段 366 巷 10 號 3 樓
電話● (02)8245-8786　傳真● (02)8245-8718

全系列書系永久陳列展示中心
新絲路書店●新北市中和區中山路 2 段 366 巷 10 號 10 樓　電話● (02)8245-9896
新絲路網路書店● www.silkbook.com
華文網網路書店● www.book4u.com.tw

本書係透過全球華文聯合出版平台（www.book4u.com.tw）印行，並委由采舍國際有限公司（www.silkbook.com）總經銷。採減碳印製流程，碳足跡追蹤，並使用優質中性紙（Acid & Alkali Free），通過綠色環保認證，最符環保要求。

PREFACE

在事業與家庭中找到平衡的堅強女性

＊推薦序 1

我很榮幸為大家介紹我的 EMBA 同學，也是本書的作者葉芷蘭。

芷蘭是一位令人印象深刻的女創業家，她出生在距今並不遙遠的 80 年代，年紀輕輕就已經是兩家公司的老闆。她的性格開朗，樂觀向上，對於工作充滿熱情，並以認真踏實的工作態度聞名於校園和職場。

儘管芷蘭看起來有點天真，但這種天真正是她創業成功的祕密武器。她敢於冒險，勇於面對挑戰，並且樂於從失敗中學習，這讓她能夠不斷地成長和進步。她身兼數職，卻能夠清楚地定位自己在每個角色中的職責，這種面面俱到的能力令人佩服。

在這本書中，芷蘭將分享她的創業過程，向大家揭示成功的背後是多少汗水和努力的結果。她將深入探討她如何在競爭激烈的商戰環境中取得突破，並且在工作和家庭之間找到平衡。透過本書，我們將有機會了解到一個充滿活力和決心的女性是如何一步一步實現她的夢想，並且成為一個值得尊敬的職場女強人。

我衷心推薦這本書，因為它將激勵和啟發您，讓您相信，無論年齡和性別，只要擁有堅定的信念和勇氣，就可以實現您的目標。請享受閱讀這個充滿勵志的故事，祝您閱讀愉快！

玉晶光董事 陳奕君

＊推薦序 2

我是嶺東科技大學應用外語系的老師蔣裕祺，曾是葉媽媽居家清潔公司董事長芷蘭的導師。芷蘭在第二胎待產前請我為她記載創業歷程的新書寫序，我欣然答應。當我完成這篇序時，她可愛的小寶寶已經誕生，也在此順道向葉董致上我的恭賀之意。

我對芷蘭之所以印象深刻，是因為她在我進修部導師班展現出優異的表現與勇於任事的精神。在學校與她初次相遇的人，第一印象一定會覺得她是一位儀表出眾的學生或同學，接著第二印象就是那一股把事情做好、雙眼發亮的堅定眼神。

求學時期的芷蘭，除了是一位傑出的學生，同時也是一名優秀的班級幹部。她平時上課非常認真，某年暑假更負笈千里至英國 Birmingham City University 進行暑期遊學。具備出色的組織能力與果斷的領導才能的她，擁有一個時下學生普遍缺乏的特質：認真讀書以及認真對待工作的態度。她曾連續兩個學期擔任本班班代，對學校與導師交付的宣導與書面任務，均能在時限內有效地完成。芷蘭在課餘也相當熱心於志工工作，某年暑假她參加了嶺東應外系在苗栗武榮國小舉辦的英文老師義工教學活動，遠赴苗栗大湖山區以閃示卡、故事書繪本與母語教學法教導該校學生趣味英語，提供有趣的英語學習環境，有效管理精力充沛學生的學習效率與課室學習氛圍。

她的多才多藝與優秀管理的能力，讓她從 14 歲以來，一路上累積了百工百業的工作經驗，我記得的就有：

1. 她曾在清新福全飲料店擔任小組長，累積工讀生人事管理的經驗。
2. 她曾在遠電信擔任櫃台人員，學習規劃依不同型態客源來分配促銷廣告發送的策略並有效執行。
3. 她曾經擔任日月光工廠作業員，負責稽核各崗位作業員 PC 原料排列的準確度。
4. 她曾擔任餐館店長，管理員工工作出缺勤與工作任務安排。
5. 她曾自學房產投資，目前仍在精進房地產管理的心法。

畢業之後芷蘭還是經常與我保持聯絡，得知她在嶺東科技大學對面創立了葉媽媽居家清潔公司後，更有機會跟她深談，回溯她從 14 歲一路走來的就業經歷、創業歷程與成功心法。很榮幸指導過葉芷蘭董事長，在她將事業里程碑集結成冊之際，除了恭喜她事業有成、喜獲千金之外，希望她莫忘自己書中胡雪巖經商的例子，要想一輩子徹頭徹尾的成功，除了對紀律與理想堅若磐石的堅持外，更莫忘：「稻穗越豐實，處事越謙卑」。為師退駕。

嶺東應外系導師 蔣裕棋

* 推薦序 3

「什麼 !? 你要出書！」在一次旅遊中，芷蘭跟我們提起她要出書的事，身為好朋友的我真的打從心裡佩服她，因為我知道她創業一路上的點點滴滴，是多麼不容易。性格務實、重視現實的我，常常為芷蘭天馬行空的各種決定感到擔心，但她的勇氣和毅力總是深深地影響了我。

在生命的旅程中，我們總會遇到那麼一個特別的人，一個在我們生命中散發著溫暖和善意的靈魂，那就是我的好朋友「葉芷蘭」。

好友 李宜玲

* 推薦序 4

我的好朋友芷蘭要我給這本書寫一些話，那我就說說我對她印象吧，她是一個閒不下來、還喜歡不停學習的人。說到學習，她總是電力十足，喜歡把自己的行程排得滿滿當當的，工作之餘還能擠出時間讀書，讓人不得不相信時間真的是靠自己擠出來的。芷蘭比我小一歲，但卻像姊姊一樣照顧我們這群好友，她能溫暖我的心，總能看到我內心無助的感覺，說出讓我安心又充滿能量的話，總覺得她很特別、有她在真的好安心；我能認識她，能和她成為好姊妹，我覺得很幸福。如今她出書了我更為她感到驕傲，我的朋友太優秀了，請大家一定要細細品讀本書，從無到有寫出來的肯定都是精華的人生經歷！

沐 Mu Hair Salon 盧又華

* 推薦序 5

在機會與風險並存的創業之路上，每個創業者都難免經歷激情、挫折、憂慮或徬徨，創業不僅需要付出堅持不懈的努力、堅韌不拔的精神和意志，這些芷蘭都具備，而且她還懂得創業的知識，掌握創業的新知，借鏡成功者的經驗，使自己的事業更快、更順利地發展壯大，真心祝福她事業蒸蒸日上，這本融合她創業精華的書也能大賣。

嶺東 EMBA 教授 李陳國

* 推薦序 6

認識芷蘭已有十多年，人如其名，以沅芷澧蘭來形容她的不平凡恰如其分；她更是一位秀外慧中的奇女子，為了家庭任勞任怨，以一己之力在清潔業闖出一片天。如今雖然事業有成，但在忙碌之餘仍抽空攻讀碩士班，這樣的人生態度實屬難能可貴。此書可說是芷蘭人生奮鬥的縮影，對於想早日擁有第一桶金的朋友，閱讀此書可謂為極佳之範本。

投資達人 威哥

* 推薦序 7

青春無敵　積極進取

千年塵垢　一掃而光

風水專家 黃國榮

* 推薦序 8

在序言中，我深刻地表達了對我妻子芷蘭的深愛。她不僅外表美麗，更擁有智慧與魅力，我將永遠珍惜她並與她共度一生。

夆典科技 王根泰

* 推薦序 9

我眼中，做事堅定，做人柔軟的芷蘭寶媽在她的而立之年將人生的知識、見識、膽識一塊一塊的拼湊起來在行動中匍匐前進下創業。她專注經營，目標是成為家事清潔服務領導品牌，她把員工當一起打拼的夥伴，給他們很大的空間去學習與犯錯，她希望每一位同仁在公司裡都可以找到他們自己的立足點，能夠發揮並找到他要圓的夢。只因為愛！

產康師、腹直肌專家 江雨鴻

* 推薦序 10

發現她這個人，從小即帶著處處替　人著想的天使心腸、大愛格局，來面對人生的一切，凡事只求大家共好、圓滿……受盡一切考驗、初心不變；小小年紀，就發揮出強大的靈魂力量，令人讚嘆、驚嘆不已。

國際阿梵達 Avatar 課程領袖 Lisa 彭勤景

PREFACE

*** 作者序**

工作使人富足，也使人找到生命的意義

親愛的讀者，

我是葉芷蘭，一位對工作充滿熱情的女性，也是葉媽媽居家清潔公司的創立者。今天，我帶著滿滿的感慨和回憶，懷著一份誠摯的心情，將我那豐富多彩的人生故事與您分享。

我之所以創立葉媽媽居家清潔公司，源於我擁有一家皇家富貴室內裝潢設計公司。眾所皆知，室內設計裝潢完工後，總是需要仔細的清潔後才能交屋給客戶，於是葉媽媽居家清潔公司應運而生。倘若要進一步理解這個公司的創業過程，就必須從更早的日子說起。

時光倒流至 2009 年，那年我 14 歲，已經在外婆的帶領下開始踏入職場。我們一同到梨山包水梨，就在我們親戚開的水果工廠中工作。時薪不高，但是我像大人一樣每天賺取著 800 元的薪水，這是我人生中的第一份工作，也是我開始喜歡上賺錢的契機。或許是因為我從小就知道自己賺來的錢可以自由分配運用，這讓我對工作和存錢充滿相當大的熱情。

在求學那段青蔥時光裡，除了讀書，我每月最多兼職三份工作，每天僅睡四小時，生活充實而忙碌，因為沒有閒暇時間出門花錢，錢積攢得很快。由於我全部的時間都忙著打工，根本沒有時間和精力打掃家裡，因此家裡的清潔工作基本上都交給了專業的鐘點阿姨。

雖然偶爾也會自己嘗試打掃，但是我清楚知道我不是專業的清潔人員，這樣做的結果只會讓我的生活品質變差、居住環境越發一團亂。我開始明白一件事，將專業的事情交給真正懂行的人去做，才是最適當的作法。

隨著時間流逝，經驗與見地逐漸累積，我進一步發展出對清潔行業的熱情，並看到了其中蘊藏的無限發展潛力。最終，我下定決心創立葉媽媽居家清潔公司，專注於提供高品質的專業清潔服務，不論家庭或是企業，只要有需求，都能享受到專業潔淨的生活與辦公環境。

這本書將帶領您穿梭在我個人和企業成長的歷程，分享我在清潔行業中的心得與感悟。希望書中的某些隻言片語能幫助您找到一些啟發，了解到如何在逆境中綻放光芒。

最後，我要衷心感謝您願意給我這個機會、打開這本書並有耐心地閱讀。希望本書能夠帶給您啟示，現在就跟著我一同感受專業清潔背後的故事，並獲曉如何在清潔領域中取得人生的一桶金。

葉芷蘭 敬上

CONTENTS

目錄

創業啟蒙
認識微型創業

加盟／創業／微創業 5.0

First Pot of Gold in Yemama Clean

1.1 想創業就要先做功課

你聽過微型創業嗎？你曾經好奇過人生有沒有更多可能嗎？在這充滿競爭與機會的現代社會中，許多人常常陷入一個充滿無盡工作時數但薪水卻不漲的困境。經過長時間的爆肝又不加薪的工作之後，大部分的人都會開始思考轉換跑道、追求更好的工作機會的可能性，要不然就自行創業，靠自己創造更豐富、更有意義的生活。

在台灣，創業一直都是一個熱門的話題，根據《全球創業觀察》2023 年的觀察報告顯示，從疫情爆發以來，台灣人開始熱衷自行創業，新創公司家數逐年增長，2021 年增長到 11 萬家，「批發、零售及餐飲業」、「營造業」與「製造業」為前三大熱門創業產業。從性別分布來說，2020 年女性創業主人數就占了四成，以服務業占大宗，且呈現逐年增長的趨勢。這些數據顯示，創業在台灣不僅是一種生活方式，更是一個越來越熱門的職涯選擇。

或許很多人都曾經考慮過要自行創業，卻被諸多可見或不可預見的風險所絆住。雖然也有像加盟這種背靠大公司的創業模式，但也意謂著，加盟者要受到總總規範，限制了自己的發揮空間，也需要跟總公司分潤，雖然安全但獲利空間真的有想像中那麼大嗎？我不斷地思考著是否存在一個可能，能讓人投注資金更小、風險更低、不用受到層層束縛就能獲取專業資源、收益全歸自己的創業模式？在我不斷地思索與探尋之後，我找到一個符合以上條件的創業模式，也就是微型創業。

「微創業」是一種相對較新的創業概念，它強調小規模、低風險和靈活性。相較於傳統的大型企業或加盟模式，微型創業更注重個體創業者的獨立經營和經濟自主性。如今，創業模式百花齊放，但不是某一款就比較好，最好選擇符合自己條件與能力的方式，比如微創業就很適合想創業、但手頭資金有限、又想自主經營的新手創業主。接下來我們就先來了解創業有哪些模式、會有哪些門檻、哪一種模式比較適合自己，從中找到適合自己的創業模式，開始新的人生下半場吧。

跟著大部隊加盟創業，有何優缺點？

加盟連鎖，又稱加盟（Franchising），是一種很常見的商業模式，通常是一家已經有口碑的公司或品牌對外開放經營權，跟其他企業或個人建立合作關係，讓他們享有經營該品牌或業務的店鋪之權利。雖然需要收取高額的加盟金，但相對來說，加盟商可以得到總公司的技術指導，快速取得所需的經營知識，減少自我學習、摸索與失敗的成本。另一大優勢是加盟商可以利用品牌已有的知名度和經驗，快速進入市場，企業總部也能藉由開放加盟，無需投入開設分店的成本，就能達到快速擴張經營版圖的目標，是一種共贏的合作方式。加盟的經營形式依出資比例與經營方式又分為特許加盟、委託加盟、自願加盟和合作加盟四種，這裡幫大家簡單梳理一下這四種經營形式的差異：

一、特許加盟

特許加盟（Franchise Chain）的主要特點是，由於店鋪的設立是由加盟商與總部共同分擔，因此除了利潤需要與總部分享外，總部也擁有對加盟商的控制權，但因加盟主付出了相當高的費用

（基本上，店鋪的租金裝潢多由加盟主負擔，而生產設備由總部負責），因此分潤較高，對於店鋪的形式也能有部分話語權。此種加盟形式為現代主流，日本多數便利商店體系皆為此種經營方式。

二、委託加盟

委託加盟（License Chain）是指一家店鋪，包含店面的設備器具與經營技術全由總部提供，加盟主支付一定費用取得店鋪的經營權，可以理解成總部找人來幫忙管理旗下分店，且總部需要一同承擔盈虧。這種加盟方式的優點是風險相當小，加盟主無需負擔創業的大筆支出，總部要分攤經營的成敗，但缺點是店鋪所有權屬於總部，加盟主自主性小，大多數利潤往往都要上交總部，也必須百分之百地聽從總部指示，美國 7-Eleven 就屬此種經營形式。

三、自願加盟

自願加盟（Voluntary Chain）就是個別經營者向品牌繳交一筆指導費用（通稱加盟金），由總部教導經營的知識再開設店鋪，或將原有店鋪經過總部指導改成連鎖的經營方式。此外，加盟主每年還必須繳交固定的指導費用，總部則會派人前來指導。由於總部只收取指導費用，加盟主無需百分百聽從總部的指示，有獲利也不需跟總部分潤，缺點則是總部因此管理較為鬆散，店鋪的經營品質也不容易把控。台灣連鎖飲食業多採用此種方式經營。

四、合作加盟

合作加盟（Corporate Chain）是由一群同性質的零售商共同結盟，組織總部負責採購或促銷活動，統一採購能壓低進貨折扣，利潤也能回饋給零售商。還有一種以批發商為總部的合作模式，有些批發商為了拓展銷售通路，以提供自己的經營技術和招牌為由找零售商合作，而交換條件是零售商支付保證金幫批發商銷售某些產品或支付權利金掛上批發商的招牌，由於大部分商品和店面都是零售商自己所有，所以利潤都歸零售商（加盟主），例如掛著三星、OPPO 招牌的手機行。

從以上四種加盟形式，我們可以了解到，加盟模式通常以一個已有成功經驗和品牌的企業為基礎，加盟商可以藉由支付費用，取得該品牌的使用權、技術指導與原物料支援，支出或付出的比例越高，擁有的自主性越大。加盟模式在台灣是相當受歡迎的創業模式，因為它的入門門檻低、風險小還有大品牌的加持，都是吸引無數創業者投入的關鍵。但是，真的這麼好賺的話，自己開就好，為什麼要開放別人加盟？

 加盟 VS. 直營的差異

兩年多的疫情衝擊之下，造成各行各業凋零的凋零、轉型的轉型，加上物價持續上漲但薪水普遍凍漲的情形下，上班族與年輕人應該多少都興起過自己創業當頭家的想法。那麼，是一人單打獨鬥好還是找夥伴共同創業好？是加盟創業好還是自創品牌好？

加盟是一種極有效率的商業模式，對連鎖總部來說，有利於擴展版圖、降低開店成本，增加收入（如加盟金、保證金、權益金）；對於加盟商來說，創業者可以利用品牌既有的形象和經營模式，無需從零開始，大大降低創業成本與風險，因此是很多想創業的人的首選。

品牌拓展版圖還有一種形式就是直營（Company-owned），就是由公司自行經營，人才也是經由內部培訓而來，和總部的關係就像僱傭關係，直營店須聽從總部的命令行動，但直營的好處就是能以量制價、有合作的供應商可以避免供應鏈短缺問題、品質控管到位，統一化管理能給人統一的品牌形象等，雖然有營運、人事、店鋪等成本，卻也是許多連鎖企業毅然選擇直營的關鍵。

從品牌拓展角度比較直營與加盟的優劣

直營店	VS.	加盟店
✦ 有利於控制成本 ✦ 有利於產品品管與分店管控 ✦ 有利於統一輸出品牌形象	優勢	✦ 小投資、低風險、能創收 ✦ 有利於快速擴張 ✦ 存活比例高 ✦ 容易轉型
✦ 需要大量的資金維持營運、拓展與管理 ✦ 需要完整的經營策略與強大的核心團隊支持 ✦ 因注重制度化缺乏靈活性，難以吃到新品紅利	劣勢	✦ 控管不易 ✦ 透支品牌形象 ✦ 過於依賴總部、應變能力差 ✦ 由於並不需要聽從總部命令，導致品牌迭代更新，不一定能快速下沉

嚴格來說，直營店不算創業，而是品牌擴張的一種方式。之所以提出來就是要從品牌的角度帶大家認識加盟這個概念，也可以了解到，為什麼品牌願意授權給加盟主使用它的商標、技術與支援，畢竟這些都是長期積累下來的知識財產，一來品牌靠著收取加盟費與固定手續費增加創收，二來能降低開分店的風險、擴大市場占有率，何樂而不為呢？

加盟 VS. 自行創業的比較

另一個常見的創業手段就是自行創業。跟有靠山的加盟創業截然不同，自行創業沒有靠山、沒有任何開業資源，從店鋪選址到裝潢、人事經營、尋找協作廠商、品牌推廣等都要靠自己。雖然不容易，但還是有很多人投入，這是為什麼呢？最大的好處就是自由，自行創業可以憑藉自己獨到的判斷與創意，自行研發新品上市，搶占藍海市場；反觀加盟者，必須照著加盟總部制訂的策略行動，無法隨機應變，等到總部決策下來，可能以經錯過最佳的進場時機。

這裡幫大家整理加盟創業和自行創業的比較，如果有想開店的人，可以評估看看哪一種創業模式更適合自己。

加盟創業	VS.	自行創業
◈ 品牌辨識度高 ◈ 成熟的經營管理流程 ◈ 穩定的供應鏈 ◈ 風險低 ◈ 店與店之間能互相支援	優勢	◈ 有機會開發新的市場 ◈ 擁有高自主性與創意空間 ◈ 進貨成本可彈性調整
◈ 進貨受到限制 ◈ 銷售產品受到限制 ◈ 有競業條款 ◈ 須負擔加盟金、權利金、開業資金	劣勢	◈ 從 0 開始 ◈ 品牌辨識度低、推廣難度大 ◈ 須投入相當大的時間與心力研發與市調 ◈ 創業投入資金較大

對新手來說，自行創業的風險相當大，雖然可能可以一戰成名，但也可能竹籃打水，落得一場空的下場！如果你還沒有完全準備好，但已經有一筆創業資金，或許可以先從加盟創業開始，賺取足夠的經驗值和人脈後，再考慮自立門戶，也不失為是一個好辦法！

微型創業的優勢

由於傳統創業通常代表「一種追求高報酬的冒險行為」，吸引無數人前仆後繼也要賭一把翻身機會，但若翻身失敗，可能一輩子都要背負沉重債務過活。於是一種能將失敗風險控制在最小限度、不需砸大錢、只要有心人人都可以嘗試的「微型創業」就此而生，它的風險與報酬沒有那麼劇烈，適合創業新手學習決策、累積經驗與自我實踐。雖然政府沒有明文規定，但一般來說，微型創業一般指的是資本不大，員工不到 5 人的公司，利用低成本、低人力的理念落實創新與創意，而且公司內部每個員工也都能清楚整體公司的運作及目標。

微型創業的興起源於對傳統就業模式的挑戰，尤其是在青年薪資低落、自我抱負難以實現的情況下。微型創業的門檻低，讓人有機會實現創業夢而且不易翻車，是一種相對安全的創業模式。微型創業的「微型」，即是小規模的意思，也就是低風險和低成本就能創業。

微型創業不需太多的啟動資金，甚至可以選擇居家辦公，等到一切流程都完善了、訂單也穩定了，再去承租辦公室或倉庫也不會負擔很大。這種作業模式大幅降低了創業成本，把風險控制在最低限度之內，即便最後不幸以失敗收場，生活也不至於受到太大的影響。

台灣的微創業環境與政府支援

2015 年，「全球創業指數（GEDI）」公布：台灣名列亞洲第一，領先新加坡與瑞士；大陸每天有 10,000 多家企業註冊，平均每分鐘就有 7 家新公司誕生，創業速度驚人；美國的小型新創公司則貢獻了 3% 的就業機會。新創事業不僅提升就業機會，更為國家的產業發展與經濟注入活水。

「微型創業」之所以發展如此迅猛，在於加入更多的科技應用與文創軟實力，不僅追求較低廉的成本，更講求速度與獨特性。這也可以套用在創業上，要想跳脫傳統創業的框架，就要靠創新、創意來帶動，不一定要大成本、大製作，只要點子好、有創意，都有可能量販或是商業化。就以「智慧釀酒瓶」為例，你可能不知道，只要一台像水壺的機器，在家就能自己釀酒喝。使用者只要按照手機 App 上的酒譜購買相應材料再放入「釀酒瓶」中，就能釀出各種水果酒，就像擁有一座小小的私人酒莊。研發團隊憑藉創意獲得科技部 200 萬元的獎勵金，如今已量產上市，可見創新才是微型創業的王道！

智慧釀酒瓶

政府為了提升勞動率，建構創業有善環境，協助發展微型創業，創造就業機會，提出微型創業鳳凰計畫，除了提供低利率的創業貸款外，還有免費的就業培訓、諮詢與輔導，大大降低了創業失敗的風險。這樣的好康當然也不是每一個人都適用，這個鳳凰專案主要在幫持弱勢族群，對象為本國婦女、中高齡國民與離島居民，有興趣的朋友可以網路搜詢關鍵字「微型創業鳳凰貸款」即可進一步了解！

微型創業的另一優點在於快速上手，無需冗長的籌備階段，創業者能夠更快速地將想法付諸實踐。這有助於迎合瞬息萬變的市場，抓住進場時機，因為微型創業者通常能夠更靈活地應對市場變化，快速調整策略。

另一方面，微型創業也為創業者提供了更大的自主性和靈活性。由於規模相對較小，創業者能夠更靈活地決策，無需經過繁瑣的組織程序。這種靈活性使得微型創業者能夠更快地適應市場需求，隨時調整業務方向，從而更有效地滿足消費市場的需求。值得注意的是，學習機會也因為微型創業的模式而有了顯著的增加。因為在小規模環境中，創業者能夠更深入地了解每個業務領域，包括運營、市場推廣、客戶服務等，這種全方位的參與和學習有助於創業者從宏觀的角度來思考經營策略，獲得更豐富的實戰經驗。

微型創業鳳凰網

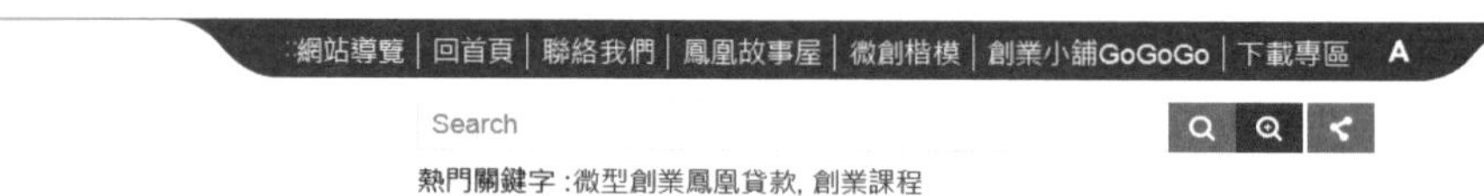

微型創業鳳凰

最新消息 創業課程 創業顧問諮詢 微型創業鳳凰 就業保險失業者創業協助 失業中高齡者及高齡者創業貸款 會員專區 微型創業新知專區 創新創業報導專區

 日本就業吹起新創風

我們受日劇影響，以為日本人出社會之後大都會在同一間公司待到退休，彷彿他們的工作是終身職。沒錯，對他們來說，大企業是一個身分象徵，而且傳統企業不太看重能力，以年資作為升遷標準，穩定又有保障的生活，顯然是上班族最好的歸宿。然而，現在情況漸漸改變了。

日本一項數據顯示，截至 2021 年底，每 5 個人就有一人捨棄大公司，跳槽到新創公司，而在 2018 年時，這種情況比例不到 10%。如今，這樣的轉職趨勢以 40 歲以上的青壯族占多數，他們原本也是日本大企業的忠實支柱。對於公務員來說，鐵飯碗也不如新創，至少有 1/3 的公務員選擇跳槽到新創公司重新開始。

為什麼人們不再嚮往大公司？其中一項因素就是政府的大力支持，讓創業變得容易，而且成為主流。不過，政府的力量也只是眾多要素之一，主要還是未來的發展潛力，不論是職業前景與薪資狀況，新創公司都比大企業更要具競爭力。數據也顯示，新創和傳統企業的薪資逐漸拉大差距。2020 年時，新創企業的平均年薪比大型上市公司只高出 9 萬日圓，到了 2022 年，已經高出 58 萬。

由於日本的職場文化偏向保守，有一點比較為人詬病之處，就是比起能力導向，更在乎資歷，只要在公司待得久，就能升遷加薪。反之，新創公司對於改變的接受度高、節奏快、沒有條條框框的限制，加上規模小，只要有能力很快就能爬到關鍵位置，掌握更高回報的業務領域。

目前日本就業市場正在轉變，人們開始思考更多元的可能性，不再盲目追求在大企業安穩度日的迷思，新創公司的崛起將激起新的火花，為日本創新帶來新的動力。

微型創業彈性大

微型創業不僅具有低風險和低成本的優勢，更在實踐中展現出許多成功案例，這些案例驗證了微型創業的可行性和吸引力。比如一開始先透過社群媒體建立品牌形象，運用行銷策略迅速吸引目標受眾的關注，藉此打開品牌知名度。由於網路的發達與社群媒體的普及，創業者一方面能夠以較低的成本建立並推廣自己的品牌，一方面可以隨時掌握市場反應，調整經營策略以迎合市場需求。這就讓我想到小米手機的粉絲經濟策略，把粉絲的建議納入考量，做出契合粉絲（真實消費者）需求的產品，成功創造一年 800 億人民幣的銷售額，真正實現「得粉絲者得天下」這句至理名言。

如今人人離不開網路，食衣住行育樂基本上都可以透過網路來完成，創業也一樣，微型創業者透過網路平台成功實現了小規模的產品或服務販售。以手作藝品、特色商品或者網路課程為例，這些微型創業者能夠透過網路與目標客戶接觸，建立直接的銷售渠道，無需中間商的參與，而且宣傳成本低，甚至能零成本。這種 B to C 的模式除了減少了分銷成本，還能夠與客戶建立更直接的互動，提高客戶忠誠度。例如，年輕的服裝設計師就可以透過網路平台銷售自己設計的作品，有別於量產和批發的成衣，別樹一幟的衣著更能彰顯自己的品味和與眾不同。設計師不僅能專心設計，既能提升用戶體驗，事業與專業兼具，還能自己當老闆，可支配時間更有彈性。相較於傳統創業，微型創業的小規模與立即性讓創業者能更加靈活地應對多變的市場需求，並以更小的風險嘗試新的商業理念。

共享經濟平台也是微創業的熱門路徑。共享經濟的英文是 sharing economy，也就是說，把閒置的資源租借出去，使資源的利用效率提高。最常聽到的共享經濟形式有 Uber（優步）、YouBike（微笑單車）以及 Couchsurfing（沙發衝浪）等，利用平台整合的力量，把自己用不到資源出租出去。一個人的力量可能很微小，集合眾人的力量不僅能壯大規模，還能資源共享，這就是共享經濟的精髓。像專職媽媽們就可以利用閒暇時間提供家庭烹飪的服務，有技能的人也可以透過平台提供特定領域的專業知識服務等。這種共享經濟的模式不僅符合現代社會的需求，同時也給予個體創業者更多發揮個人特長的空間。

微創業的投入門檻雖然低，但也不意味著完全沒有挑戰。青創總會創業顧問侯秉忠就曾指出，微型創業者往往面臨資金、人力、技術等多方面的相對弱勢。尤其是在初期無法進入大市場，只能選擇涉足門檻較低的 B to C 領域，如餐飲業和流通業。這使得市場競爭日益激烈，且容易陷入惡性競爭的泥沼。

微型創業者面臨的挑戰不僅僅是資源的匱乏，還包括如何在競爭激烈的市場中脫穎而出的難題。許多研究都指出，微型創業的成敗主因在於「人才」。創業者的創業初衷是影響企業成長的關鍵。創業者的視野、動力與目標直接決定企業的發展方向，而這往往是微型創業者能否成功轉型成中小企業的決定性因素之一。

吸引企業所需的人才是一個微型創業者需要面對的首要問題。在競爭激烈的市場中，優秀的人才是企業最重要的資產，也是實現企業增長的重要驅動力。創業者需要具備良好的吸引力，讓有潛力的人才願意加入，這也是微型企業成功轉型的一個重要關卡。

資金的運用與控管也是微型創業者需要面對的挑戰之一。有效的資金運用搭配得宜的資金控管，是微型創業者打破成長瓶頸的關鍵。透過明確的財務策略和風險管理，微型創業者才能夠在競爭激烈的市場中保持穩健的發展。

不僅如此，創新更是微型創業者實現轉型不可或缺的要素。唯有透過不斷創新，企業才有機會發展成為中小企業，提升知名度、招募更多的人才、提升技術水平。在競爭激烈的市場中，與競爭對手形成差異化，成為消費者首選的企業，是微型創業者實現成功轉型的必經之路。

微型創業雖然降低了創業的風險，但不代表能為每位創業者提供充足的技能和支持，讓他們在市場上脫穎而出。這就是為什麼我毅然決然踏上微型創業之路的原因。我深知，改變不是容易的事情，但我相信只要再增添一些規劃與協作，「進化版的微創業」將是一個既能實現夢想，同時又能克服阻礙的創業模式。

微型創業對於台灣經濟轉型的重要性不可忽視。微型企業往往是企業發展的起點，提供了人們試錯的機會，以較低的成本進行市場驗證，培養出許多創新與創意的點子，造就百花齊放的市場。也就是說，微型創業的成功策略必不能忽略的是創業者自身「質」的提升。

因此，葉媽媽在現行的微創業模式上進行了優化，打造了一個整合就業機會、技術指導與成人培訓的平台，給予那些想創業卻不得其門而入的準創業主們一個安全又可靠的發展空間。我們的目標是扮演協助微型創業者實現更高質量和更可持續發展的角色。我希望葉媽媽的培訓機制，能夠幫助個人成長，不僅在事業上有所成就，對於品牌的經營與管理也能有更實際的掌握；也希望透過葉媽媽的就業媒合機制，能為社會創造更多就業機會，讓人人都有機會迎接更美好的未來。

1.3 微型創業模式 5.0

前面提到了幾種常見的創業模式，可能有人會納悶，為什麼葉媽媽不採用加盟的形式，而是採用微創業的模式，創造創業機會呢？葉媽媽居家清潔並不是要以靠加盟來壯大自身品牌為目的，我們的目的在於培育清潔服務技術者成為「獨立老闆」，而非依賴加盟。加盟通常需要支付昂貴的加盟費用，而我們的方案則是以「辦訓單位」的形式存在，以教育訓練的方式傳承清潔專業及管理方法，強調教育和輔導技術者成為自主創業者。這種模式不僅降低進入門檻，提高弱勢族群創業機會，也讓更多有志創業的人能夠獲得專業知識和技能。

未來，我們希望打破傳統清潔業的框架，將重點擺放在產業的優化，加入機械的輔助工具，提高行業的整體素質、穩定品質和市場價格。鑑於坊間目前提供的居家清潔服務的品質和價格參差不齊，我們希望藉由培訓的方式，一方面提升清潔從業人員的專業素養與服務品質，讓大眾得到穩定可靠的居家清潔服務外，一方面翻轉社會大眾對清潔從業人員的刻板印象，讓清潔服務從業者不再只是單純的清掃人員，而是給你帶來良好居住品質的家庭管家之職。

因此我認為，居家清潔業的提升不應僅僅在技術層面，更應包括經營管理和服務態度等方面。我們的輔導和培訓不僅關注技術的傳授，更著重於創業者的管理理念和專業態度的培養，包含對待工作、團隊和挑戰的態度，以及對待風險和失敗的態度等等。我們力求創造一個相互合作、互惠互利的環

境，期待透過葉媽媽的受訓制度，讓加入我們方案的準創業者能夠共同成長，培育出綜合性的思維，既能積極應對挑戰，也能造就出能相互信任與協作的團隊，實現事業的可持續發展性，進而形成一個穩定發展的生態系統。

我們強調的不僅僅是藉由三兩下功夫就能開業，而是透過深入的培訓和持續的輔導，確保付費受訓的學員能夠在一定的時間內完成自主作業並回本。**葉媽媽想做的是打造一把保護傘，為創業者提供支持和協助，讓他們在工作中學習成長，最終能夠獨立自主地開始自己的事業。**

我了解居家清潔行業並非主流的職業選擇，還帶有人人都可以進入的低門檻偏見。對我來說，這反而是一種優勢。不設防的職業特性讓它可以對任何人敞開大門，而我也能透過葉媽媽的微創業方案輔導和培訓這些人成為獨當一面的老闆，為自己的人生掌舵，讓人生再次啟航。一旦人員的素質都有所提升，能穩定輸出高品質的清潔服務、也能與客戶應對得宜時，屆時**高品質伴隨高報酬的目標**也就指日可待了。

由於葉媽媽採小規模的經營模式，截至目前已累積了一定的口碑與客戶，但由於市場對於居家清潔的需求越來越大，我們收到的訂單也越來越多，但也越來越難以消化大量飛來的訂單。為了穩定創業腳步，我並不急於擴大公司規模，但也不想將就找人加盟，所以才想建構葉媽媽微創業方案，利用我們本身的專業知識手把手傳授給學員，再利用接單的方式將工作媒合給合格的學員。這樣一來，不僅能消化訂單，還能減少失業人口，對我來說，是一個雙向共贏的局面。而對家庭來說，現在社會雙薪家庭的比例很高，很少有人會花心思或時間在家事上，不如就找葉媽媽居家到府清潔服務，讓你不用再為工作之餘還要處理家務

而煩惱，徹底解放雙手，有時間去做自己想做的事。

葉媽媽走向 5.0 的微創業清潔是以人為本的升級產業，將人的需求和利益置於合作機器智能，成就輔助人工完成作業。不僅關注工人能夠利用新技術做什麼，更重要的是結合智能 AI 工具，以輕鬆快速便利地完成清潔作業。機器具有持久性和精確性，與人類共同合作工作，能精準實現目標，同時保證品質。

微型創業，如同一場冒險，充滿了機遇與挑戰。創業者需要在風險中找到平衡，善用人才、資金、創新這三大元素。葉媽媽期望透過明確的創業初衷、吸引人才的能力、有效的資金運用以及持續的創新，讓微型創業者可以在競爭激烈的市場中脫穎而出，成功實現清潔業專業水準的提升，最終，為自己的人生掌舵精彩的旅程。

葉媽媽居家清潔
-Yemama Clean-
葉媽媽水垢清潔劑
YEMAMA LIMESCALE REMOVER
特殊去垢劑 + 抗菌劑

創業始末
葉媽媽的創業理念

夢想／理念／資產

First Pot of Gold
in Yemama Clean

2.1 夢想的起點

展開創業的旅程，彷彿是一場探險，一場充滿挑戰與不確定性的冒險。這是一個由夢想構築、奮鬥塑造的故事，而我此刻正站在這一段不怎麼平坦的路上，跌跌撞撞地朝著自己的目標前進。

創業並非單純的商業行為，更是一場對自己能力與毅力的考驗，一場探索未知領域、挑戰自我極限的過程。就讓我帶領大家一同穿越時光的迴廊，回溯到我創業的最初時刻，看看這段充滿激情、掙扎和成長的故事，是如何從想法的種子萌芽，茁壯成一片綻放的夢想之花。

自身經驗讓我更了解客戶需求

大家好，我是葉芷蘭，是葉媽媽居家清潔公司的創辦人。我開公司的原因其實很單純，我不是為了要賺錢，而是為了滿足我對家事服務的需求，因為我的需求不斷地在擴大，讓我不得不自己開一間專營居家清潔服務的公司。這究竟是怎麼一回事呢，且聽我娓娓道來。

在成立葉媽媽之前，我已經是一間裝潢公司的老闆，有裝修經驗的人應該都知道，房子裝潢或設計完後其實還需要清理打掃整頓一番，否則是無法直接入住的，所以事後我還得外包找專門的清潔公司來幫我整理，加上我也經常請打掃阿姨到家中協助清潔，但都不是很滿意。於是就這麼剛好，既然公司業務上有這樣的需求而我家也需要清潔，不如就自己來開間清潔公司吧。

為什麼我這麼有行動力，說開公司就能開公司？這就要從頭說起了，因為我從小就開始外出打工，累積了非常豐富的工作經驗。由於太過投入於工作中，沒有時間自己動手整理家務，我也不願意在忙了一天回到家後滿眼所見盡是雜亂不堪的環境，心情也會受到影響，於是我養成了請清潔業者定期來家裡打掃的習慣。人家都說久病成良醫，這樣的經驗讓我對清潔服務業的理解比一般人更加深刻。

我 14 歲的時候就去親戚開的水梨工廠工作，當時我主要負責包裝水梨。16 歲我便開始在外面租房子自己住，由於忙著工作，比較少在做家務，所以決定請人來家裡打掃。我還記得當時的房租一個月是 6,000 塊，對我來說已經是一筆大支出了，之所以再花錢請清潔阿姨打掃，是因為我當時就體會到生活環境的整潔與我們人的生活品質密切相關，兩者之間存在著深遠的影響。一個整潔有序的生活環境不僅能提高個人的生活質感，同時也對身心健康產生正面的影響。當我們身處於一個整潔清爽的環境中，會感到更加舒適和安心。整理有序的家居和工作空間能減少混亂和壓力，讓人更容易保持冷靜和集中注意力。這種穩定的心理狀態有助於提高工作效率、改善人際關係，進而提升整體的生活品質。也就是說，**維護自己的生活空間其實是一種對自己的投資**。試想一下，當你下班回到家後印入眼簾的是一個整潔乾淨的生活空間，頓時疲憊的心情是不是都被洗滌乾淨了呢？我相信大家應該都能體會與想像。這段經歷讓我充分體會到居住環境對於生活與心情的影響力，進而激發起我對清潔行業更近一步的興趣，並興起

了自己也來開間清潔公司的想法。

裝潢完工後的清理也不能馬虎

雖然說是這麼說，基於前景考量，我還是決定先開裝潢公司。開了之後才發現，原來幫客人裝潢好家裡後，還要請人處理後面流程——**先粗清再細清**。粗清和細清是我們業內的「行話」，裝潢工作和居家清潔不一樣。裝潢是針對室內進行裝修、整建或翻新的工程，隨著施工作業的推進往往會積累大量的粉塵、木屑、金屬碎屑等等。除此之外，還有施工需要用到的一次性耗材以及一些沒用完的裝潢材料，也都會堆積在現場。因此，裝潢好的第一件事就是要請人清掉留在現場的大型廢棄材料，比如木板或地磚，進行所謂的粗略清理，接下來才能針對房間「細部」進行清理。「細清」階段，就要處理比較細節的部分，比如粉塵、木屑或是油漆殘膠、粘膠等殘留物的清除，有些需要運用特殊工具才能處理乾淨，這就涉及到比較專業的部分。由於裝潢後都會有這方面清理的需求，加上越來越多家庭有居家清潔方面的需求，因為我很早就開始請業者來家裡打掃，知道裡面有什麼眉角，也知道一般客戶需要什麼樣的服務、會有什麼樣的顧忌等，因此我成立葉媽媽居家清潔公司，不僅能處理裝潢後的粗清和細清業務，還能承接居家清潔案件，可謂一舉數得！

裝潢後的細清 VS. 居家清潔

這裡我想花些時間跟大家進一步說明關於細清的部分，因為細清跟一般的居家清潔不同，需要請專業的清潔公司來處理。兩者有何區別呢？一般來說，細清工作包含清除灰塵、木屑、水泥與油漆殘漆和殘膠等，需對居住區域內的環境和物品進行全面清潔，例如內嵌燈具的溝槽、窗戶凹槽上的殘膠、櫥櫃滑軌、廚衛的設施、地板和排水溝等等都是重點細清對象。而且在細清的時候，還要根據不同的材質選擇合適的清潔用品與清潔手法，否則極有可能讓物件產生不可逆的損傷，到時候可不是賠錢就能了事的。

至於細清的順序，大致遵守**「從上到下、由內到外」**的原則。首先，先把天花板包括燈具上的髒汙和灰塵給掃落下來，接著處理牆面、櫃面、窗戶以及家具和家電的清潔，最後再進行地板的清潔。在執行這些步驟時，還有一些細節容易忽略，比如門窗框的溝槽、櫥櫃內部和浴室拉門的溝槽等。細清通常需要比較長的時間，而且也跟清掃面積有關，平均 3 ～ 6 小時都有可能。6 小時以上大多為坪數 80 坪以上，還需要有專業的清潔工具與知識，所以行情也比一般的居家清潔收費來得高一些。

專門細清的 3 種管道

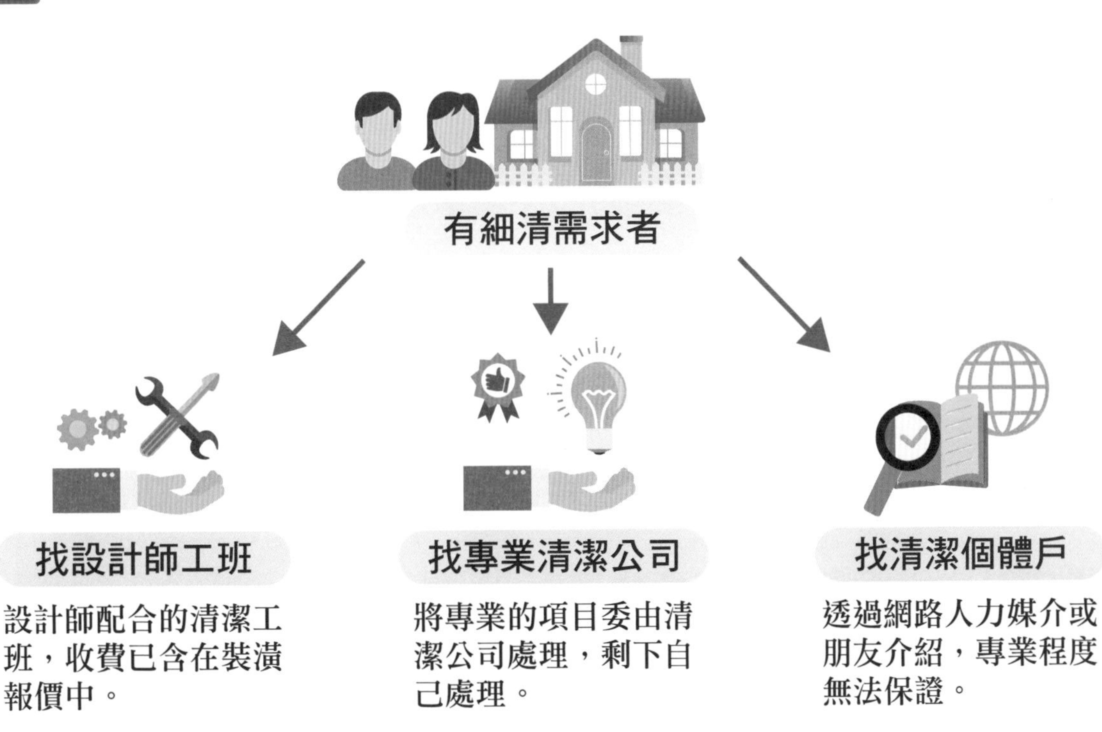

有些人可能會考慮自己細清，以圖省下一筆開銷，但我必須再次澄清，裝潢後的細清作業不同於一般的家居清掃，除非你對建材有深入了解，並且

有充裕的時間和精力親自處理，否則我還是建議專業的事請交給專業的人來處理，避免在花大錢裝潢之後，入住後卻發現觀感品質大打折扣，因小失大。如果你有預算上的考量，可以先與清潔公司溝通，選擇將一些比較專業的項目交給對方處理，自己處理比較簡單的部分，如此一來，品質既有保障又能省下一些成本。至於要找誰來細清，其實也不複雜，主要有三種管道：一是設計師配合的清潔工班，一般清潔工班的收費大都已經包含在裝潢費用當中，雖然收費較高，但優點是業主不用自己另外找人處理，是最省事的方式。二是找專業的清潔公司，它們的員工都有受過特別訓練，對各種建材的特性也都了如指掌，以避免對客戶的裝潢造成損害。第三種管道就是透過網路人力媒介或經由朋友介紹找打掃師傅，這種方式存在專業程度參差不一的風險，但也可能會找到口碑不錯的師傅。

裝潢後細清的 7 個常見問題

這裡幫大家整理了裝潢後細清會出現的 7 個問題，方便大家在跟清潔公司接洽前能有一定的知識背景！

Q1 可以用一般的居家清潔取代細清嗎？

一般的居家清潔與專業的裝潢細清有著截然不同的需求。裝潢細清需要具備豐富的專業知識和相應的工具設備，為避免建材受損必須熟悉各式各樣的建材特性，能清除一般居家清潔無法有效清除的強力黏著物，如水泥、油漆和黏膠殘膠，因此不建議用居家清潔取代裝潢細清當作入住前的清潔手段。

Q2 安裝木地板前為什麼要先清潔？

在裝木地板之前，肉眼可見的垃圾和廢棄物必須先清理乾淨。如果作業順序顛倒，先安裝地板再清掃，無法有效把地板下方積聚的垃圾給清理出來。

Q3 可以用吸塵器來細清嗎？

裝潢後的灰塵落屑中含有大量建材遺留下的碎片，可能是地磚或木頭碎屑，質地都比較硬，若使用家用吸塵器，容易造成機器損壞。建議選用工業用吸塵器處理較為適當。

Q4 為什麼細清完後還一直有落塵？

細清完後若仍然持續出現落塵，可能以下這些地方弄錯了，分別是清潔時間不對、清潔步驟不正確以及忽略了清潔的細節。在裝潢完粗清之後，基本要先等個 3 ～ 5 天的時間，讓室內的灰塵完全落乾淨，再進行細部清潔。灰塵還未完全落乾淨時就開始清潔，就會產生細清完仍然會有落塵的現象，因此清潔時間要抓準。此外，前面提到細清的順序以「從上到下、由內到外」為原則，就是先將高處的灰塵掃落下來，再從內向外掃出去，否則也是白掃一趟。最後，很多藏汙納垢的地方也是最容易被忽略的地方，例如燈具上方或天花板等地方如果沒去清掃，一點震動就會把該處藏匿的灰塵震落下來。

Q5 何時才要進行細清估價？

如果你不是找設計師合作的清潔工班，而是自己接洽的話，建議在裝潢工程完成或驗收後，再進行裝潢細清的估價，因為門窗、燈座、櫥櫃等大型設施等都已歸位，估價時不至於漏掉細節，進而影響最終報價結果。

Q6 相同的坪數收費為何會有差別？

即使坪數相同，由於施工方式不同也會導致不同程度的髒亂，有些情況好清理、有些情況不好清理。不好清理的案件當然收費較高，因此是可能出現相同坪數卻不同報價的情況。

Q7 油漆、水泥和殘膠能清除乾淨嗎？

基本上，像油漆、水泥和殘膠等都會在粗清作業時先處理，但沒辦法保證能百分百完全去除，所以專業的施工單位都會先鋪上一層保護層以盡量減少難以修復的情形發生。

總的來說，裝潢後細清絕不是一件容易的事，一般居家清潔的專業程度是無法與之相提並論。如果你對於清潔技巧、建材特性有深入的了解，同時也有足夠的閒暇時間進行處理，或許你可以嘗試自己動手清潔，相信完成後會給你帶來很大的成就感。但如果你不是十分自信，那麼你最好交給可信賴的專業清潔人員，這樣可以確保你花大錢裝潢的家能夠得到最專業的呵護。如果你有任何關於裝潢後細清的需求或問題，也歡迎聯繫我們葉媽媽團隊，我們將竭誠為你服務。

2.2 給予客戶最細緻的體驗

時光流轉，我開始進一步思考居家清潔創業的可能性。我的夢想開始在心中扎根，最初的概念逐漸清晰，我開始思考如何將這個夢想具體化。在尋找合適的領域和市場時，我不斷學習、調整，讓自己的想法能夠更加切合實際需求。這階段的每一次探索，都像是為夢想的生長新添上一層堅實的土壤，讓我能夠更自信、更堅定地追尋前行的方向。

這段工作經歷讓我意識到，清潔不僅僅是簡單的勞動，而是一門值得深入的學問。如今我的人生已與居家清潔有了密不可分的連結，於是我開始思索如何將這份體悟轉化成創業的機會，為更多人提供更專業、高效的清潔服務。

等裝潢設計公司的業務穩定之後，沒多久我便成立了葉媽媽居家清潔公司。透過每次跟客戶的互動，我深刻參與了發掘客戶內心需求的過程，也能敏銳觀察出對方的需求，不斷調整並改善經營策略，致力於在這領域超前部署，完成我的鴻圖大業。

我發現，每個人在乎的地方都不一樣，有些人在乎衛浴的乾淨度更甚於其他角落，不希望看到地板有水漬痕跡，或是馬桶內不要有黃色汙垢，其他地方就相對隨意些。有些人喜歡廚房要敞亮乾淨，不喜歡廚房飄出異味，我也喜歡回到家後家裡是乾乾淨淨的、有家政打掃過的，我在台北、台中和桃園都有房子，只要是沒有出租的房子，我就會請公司派人來打掃，當然我公私分明，都有事先簽約。即便我不去住，我還是會請人固定去家裡打掃，因為我知道，台灣環境比較潮溼，溼氣容易堆積在室內，不容易散去，如果房子長時間沒有人居住的話，容易產生潮溼味，所以在訓練員工的時候，我都會讓員工先把門窗、櫃子門通通打開，只要是室內的房間全都把門窗打開，先讓整間屋子通風再清潔，等到清潔結束後再一一關起來，這時候就算一個月只打掃一次也沒關係，房子也不會有黴味。

我覺得房子就像一灘水，流動的時候會把雜質帶走，所以乾淨清澈，而不流動的時候就是一灘死水，沉積物越積越多，水質越發混濁。所以沒人住的房子容易有黴味，因為溫暖潮溼的空氣被悶在裡面，容易讓木頭家具發黴。所以我們特別注重木質家具的保養，盡量讓它透氣。衣服也很容易發黴，因為衣服放在衣櫃裡面，時間一久也容易受潮發黴。所以很多人家裡都會準備一台除溼機，就是這個道理，但沒人住的房子只能透過定期清潔來維護。因為我很常請人來家裡打掃，很清楚客戶在意的地方，所以除了個人技能的成長外，我也希望我的員工能再細心一些，早日成為能夠舉一反三的專業管家。

葉媽媽的核心競爭力

一、善用服務條款，消除委託人疑慮

想成功創業一定要有競爭力，而葉媽媽的核心競爭力就是擁有專業的 SOP 流程。首先，葉媽媽專門製作員工教育手冊，手冊中針對各種清潔工具的使用方式與清潔效果有著詳細的分析和說明，幫助員工利用正確的工具清

理對應的區域，讓清潔作業事半功倍。為了保障客戶和清潔人員雙方的權益，葉媽媽也有制式化的服務條款，包含對雙方應盡義務和責任限制之規範、特殊事項與服務內容之聲明、遇有糾紛或損毀時該如何處理等，均以書面形式呈現。每一次服務前都會請委託方先詳細閱讀，沒問題的話再簽名或蓋章才算達成協議。

你可能會覺得，我們有點小題大作，只是一項鐘點性質的清潔任務，清掃完就結束了，為什麼要大費周章簽訂服務條款呢？其實任何交易都講求你情我願，只要雙方口頭或書面約定好了就成，可是就怕出現意外，尤其像我們這種要去客戶家裡提供服務的行業，如果作業期間屋中有什麼東西損毀或消失，或是客戶提出額外的要求，那又該如何應對呢？既然如此，何不先把可能發生的情況都給規範清楚，既能打消用戶的疑慮，也能保障自身員工的權益，雙方都按契約走，留下愉快的合作體驗，不是更好嗎？

二、SOP 清潔流程跟著客戶要求走

在大家的認知中，SOP 標準作業流程基本上就是一套固定的流程，以確保照著流程走能達到最大的效益。葉媽媽有一套引以為豪的清潔 SOP，當然也可以根據客戶的需求彈性調整。比如我們的服務條款上就提到，我們的服務性質有分「鐘點計算」和「範圍性估價」這兩種，如果說委託人只有四個小時，也只能負擔四個小時的鐘點費，那對方可以指定重點區域讓我們優先去幫他清潔，這種就屬於「鐘點計算」，因為時間和預算有限，無法一次清到好，只能選擇表面清潔或重點區域強化清潔。也可以指定比如辦公室的清潔，那我們就會派人到現場根據場地大小與環境狀況等進行估價報價，屆時清潔與事後驗收就以估價時估算的範圍為主，這就是「範圍性估價」。

客戶可根據自身條件與需求選擇適合的服務，我們也會根據委託人的要求進行適當的調整，真的能解決很多事。一般小型清潔工作室由於缺乏規章制度，會比較隨興而為，我就曾有過一次不甚美好的經驗。那一次我預約了

三小時的清潔服務，我跟對方說我希望打掃到什麼程度，對方卻說我的時間不夠，態度也不好。我就繼續追問，那要多少小時才夠？沒想到對方還是說他們不知道，打掃完才知道。事後我再回想，應該有很多像我這樣外行的委託人，不知道該怎麼與清潔業者溝通。對方也不夠專業，不能給予客戶有效的建議，讓雙方僵持不下，最後只能不了了之。這個經驗也讓我知道，身為服務業應該要為用戶設想各種情況與解決方案，懂得變通提升用戶體驗才能留住用戶！

但這並不代表就沒有規則可以遵循，因此葉媽媽非常注重標準操作程序（SOP）的建立。專業清潔不像在家裡打掃，可以依據自己的心情，想做什麼就做什麼。專業清潔必須在有限的時間之內滿足客戶的需求，讓住家變成他們想像中的模樣。由於大多時候都要跟時間賽跑，所以清潔步驟的 SOP 很重要，也能達到事半功倍之效。如果屋主沒有特別指定，我想大多數新人應該也不知道該從何開始，最後將面臨掃不完、客戶也不滿意的境況。因此，建立 SOP 不僅能讓清潔人員更快上手，更是一種對時間的有效管理。

客製化清潔作業流程表

樓層範圍 / 空間區域 / 作業項目 / 工時順序 / 注意事項 / 工具需求			牆面					地板					各項設備									
			窗戶指定作業	電器	白板板溝擦拭	大門玻璃擦拭	櫃體上方擦拭	掃地	拖地	吸塵	水磨地板汙垢	移動物品清潔	高空玻璃擦拭	桌面擦拭	微波爐清潔	飲水機外觀	洗手台清洗	補充更換備品	桌面擺放整齊	冰箱外觀擦拭	桌椅擺放整齊	桌面垃圾丟棄
一樓區域	作業工時4H	儲藏室	V			O		O	O					O								
		主管辦公室			O	O	O	O	O				V	O					O		O	
		會議室A			O	O	O	O	O				V	O					O		O	
		實驗室B				O		O	O		V	O		O					O		O	
		實驗室A	V					O	O													
		會議室C			O	O	O	O	O				V	O					O		O	
		會議室B			O	O	O	O	O				V	O					O		O	
		茶水間				O	O	O	O			O		O	O	O	O	O	O	O		O
		櫃台						O	O		V	O		O							O	
		大廳		O		O	O	O	O		V	O	V	O					O		O	O
		機電室						O	O													
		公共辦公區	V		O		O	O	O			O		O					O			O

工具需求

工具推車、好神拖、抹布、平板拖、掃把、油漆刷、三節伸縮桿、玻璃刮刀、塑膠毛刷、玻璃清潔劑、酸性清潔劑、沙拉脫、高空作業桿、

注意事項

01:每次詢問白板擦拭
02:每次詢問展示櫃擦拭
03:每次詢問注意事項
04:工具集中放置儲藏室
05:不能在茶水間洗工具
06:移動物品要小心
07:會議時先往下個區域
08:洗手台濾籃藥錠不丟
09:電視擦拭巾找櫃台拿
10:地板有工具零件不丟
11:濾網在洗手台下方
12:酸劑在洗手台下方
13:打磨時作業動線即可
14:辦公桌空位需擦桌面
15:丟棄空位桌面垃圾
16:地板溼須提醒或告示
17:指定作業兩月一輪

有一間機電廠請我們定期去做清潔，前頁這張表是我們跟委託人確認好要清潔的項目列表，包含區域、設備與每次的作業時數等都有明確紀錄。右欄上方是我們備註需要用到的清潔工具與清潔劑，右欄下方則是業主交代的注意事項。過程中，清潔人員可以根據流程表確認執行的步驟，完成的項目再一一勾選，所以能有條不紊地完成任務，這就是葉媽媽居家清潔的核心競爭力！透過事前跟業主的詳細溝通，製作客製化的清潔流程，之後只要按表操課，就能達成讓客戶滿意的效果，也就能彰顯出我們公司的專業性與獨特性！這就是我所謂的核心競爭力，當然我還有更多想法，之後再跟大家分享！

三、力求環保，產品通過 SGS 與 ECOCERT 檢驗

雖然服務條款還是清潔的 SOP 都是我們引以為豪的地方，但它們也不是憑空出現的，而是經過多次跟客戶的對應中逐漸建構而來的。我剛創業的時候，由於還沒有一套成熟的員工教育機制，所以員工不知道該怎麼跟客戶應對，對於客戶的要求不懂得拒絕，有些好心辦事，但卻弄巧成拙，造成客戶損失，這也不是我們所樂見的！我們有一位主管，為人很認真負責，這是他的優點也是他的缺點，他服務的一戶人家家裡的大理石地板有塊汙漬，是那種經年累月下來的陳年汙漬，一般清潔劑很難清除乾淨，而我們居家清潔服務只做表面清潔，所以這塊汙漬理應不用我們處理。因為這名主管曾耳聞一些清潔妙方，所以就決定幫客戶清清看，但因為缺乏專業的清潔知識，雖然表面上汙漬是消除了，卻也造成了難以抹滅的凹痕。沒辦法，最後只能請專業的大理石修補師傅來進行補救，修補的費用就由我們公司自行承擔。

我發現，很多人搞不清楚居家清潔的範圍，認為只要是家裡的清潔都是居家清潔，其實不然。居家清潔就是諸如掃地、拖地、擦拭表面等這種簡易的表面清潔，那種需要專業手法處理的陳年汙漬，一般人不知道如何處理的，那就不屬於居家清潔的範疇了。為了更容易區分，我們將其劃分為家事服務領域。居家清潔時，我們都是使用一般的萬用清潔劑，它的好處是可以用在

任何地方的清潔，但缺點是清潔力道小，如果要除水垢或是黴菌，結果可能差強人意，不過客人可以給我們準備專門的除黴清潔劑，我們就會幫忙清除浴室的黴菌和水垢。如果不知道哪種效果好，也可以請我們代購，這不另外收費。

身為專業的清潔業者，我們也有自己開發水垢清潔產品。由於是我們的第一支產品，研發過程特別注重品質與口碑，力求符合綠色環保，先後通過 SGS 檢驗與法國權威 ECOCERT 的有機認證，買回去在家使用也很安全環保，還能有效清除水垢。我們產品的「好氣性生菌數」和「四大重金屬」都有通過 SGS 檢測，大家也可以掃描下方 QR code 進入官網，查看完整的檢測報告喔。

葉媽媽水垢清潔劑

葉媽媽水垢清潔劑「好氣性生菌數」檢測報告

SGS 檢測報告 1

超微量工業安全實驗室

測 試 報 告 Ultra Trace and Industrial Safety Hygiene Laboratory

報告編號： PUG23900949 **日期：** 2023年10月16日 **頁數：** 2 of 3

葉媽媽居家清潔有限公司

嘉義縣太保市嘉朴東路一段66號

測試結果：

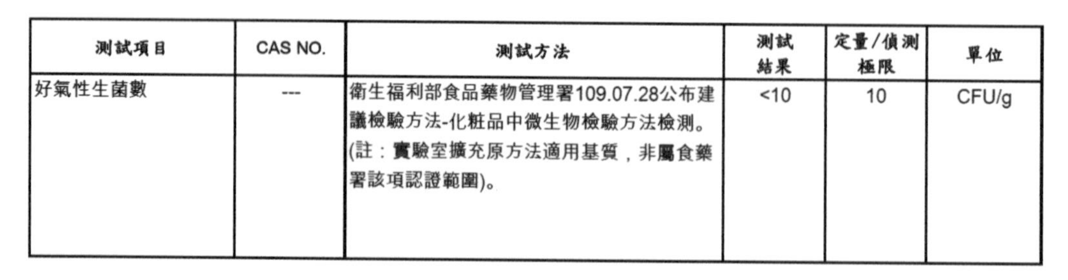

測試項目	CAS NO.	測試方法	測試結果	定量/偵測極限	單位
好氣性生菌數	---	衛生福利部食品藥物管理署109.07.28公布建議檢驗方法-化粧品中微生物檢驗方法檢測。(註：實驗室擴充原方法適用基質，非屬食藥署該項認證範圍)。	<10	10	CFU/g

葉媽媽水垢清潔劑「四大重金屬」檢測報告

SGS

測 試 報 告

超微量工業安全實驗室
Ultra Trace and Industrial Safety Hygiene Laboratory

SGS 檢測報告 2

報告編號： PUG23900948 日期： 2023年10月02日 頁數 : 2 of 3

葉媽媽居家清潔有限公司
嘉義縣太保市嘉朴東路一段66號

測試結果：

測試項目	CAS NO.	測試方法	測試結果	定量/偵測極限	單位
砷	7440-38-2	本測試依實驗室內部方法(TESP-UG-0435)，以感應耦合電漿光譜儀(ICP/OES) 檢測。	N.D.	2.00	ppm(mg/kg)
鉛	7439-92-1		N.D.	2.00	ppm(mg/kg)
汞	7439-97-6		N.D.	2.00	ppm(mg/kg)
鎘	7440-43-9		N.D.	2.00	ppm(mg/kg)

不忘創業初心，砥礪前行

我深刻理解清潔SOP的重要性，對於清潔過程的每一個細節都格外注重。我不僅將這些經驗應用於自己的生活，也將其融入公司的經營中，注重培養員工對細節的敏銳度，使清潔服務更加專業而周到。

如果說葉媽媽擁有比較彈性的需求應對和專業的清潔 SOP，我覺得可能還不夠站穩市場，我希望將其推向更高的水平，甚至擴展至全台灣。在我的帶領下，我們團隊深刻了解這個行業中的缺陷在哪裡。最近的經營過程中，使我對公司的未來充滿信心。我喜歡這個工作，喜歡經營葉媽媽清潔這間公司，因為我們以專業和細心的態度提供高品質的清潔服務。我將繼續努力，致力於為客戶打造清新宜居的居住環境，同時在業務上不斷進步。

我的創業歷程不僅僅是對清潔行業的探索，更是對生活品質的追求。對於每一個居住環境，我都希望提供最好的清潔服務，讓客戶感受到舒適和愉悅。我的習慣和堅持不僅體現在創業初期的裝潢公司，更是推動我進入清潔行業的契機。隨著公司的發展，我將繼續堅守初心，專注於提升清潔服務的品質，滿足客戶不斷多樣化的需求，同時不忘初衷，將每一個居住空間打造成一個清新宜居的場所。

葉媽媽是我熱愛與專業的結晶，帶給我無限的成就感。在每次成功為客戶提供滿意的清潔服務時，我深感自己不僅是一位企業家，更是一位服務者。這種從做中學，並從服務中獲得成就感的理念貫穿於我們公司的經營理念中，也因此，我更加確信我們所做的事情對客戶和整個清潔行業都有著積極的影響。在這個過程中，我發覺自己不僅是在經營一間公司，更是在進行一場教育——一場讓更多的人了解清潔的專業性和價值的教育。換句話說，這個創業歷程遠不只是一個企業家的故事，更是一位清潔服務者的成長之旅。葉媽媽也將繼續以熱情和專業的態度，致力於提供卓越的清潔服務，並為客戶打造一個真正溫馨的家。

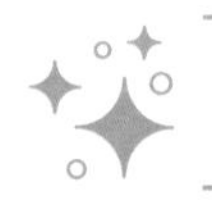

提供國際認證的機構 SGS

SGS 是法文 Société Générale de Surveillance（譯作「瑞士通用公證行」）的縮寫，是一家專門提供測試（Testing）、檢驗（Inspection）及認證（Certification）服務的跨國集團。凡通過 SGS 的驗證，就代表該產品、流程、系統或服務符合國家和國際的法規與標準，為企業和使用者提供品質上的保證。由於現今大部分產品都需要檢驗，所以 SGS 服務範圍涵蓋各行各業，在全球擁有 2,600 多個專業實驗室和分支機構，旗下員工多達上萬名。早在 1952 年 SGS 就在台灣成立「台灣分公司」，1991 年 5 月更是進化為「台灣檢驗科技股份有限公司」，以因應國內產業升級及國際化需求。

SGS 的 10 大業務

①食品與農產服務	為農業生產者、食品加工業、採購商等對象提供包含土壤測試、田間試驗、農作物監測、農業操作審核、種子測試等相關服務。
②汽車服務	為政府機關和企業提供機動車輛檢測服務。例如 eBay 就向消費者提供 SGS 的車輛檢驗服務。
③消費品檢測服務	為輕工業和電子產品提供產品檢驗、工廠審核、裝運控制等檢驗服務。
④環境服務	對環境影響、空氣和水質檢測和氣侯變化提供評估、檢驗、培訓、諮詢等服務，並提供可持續發展的解決方案。
⑤政府及公共機構服務	為政府和公共機構提供良好的監管，實現可持續發展的目標。
⑥工業服務	為重工業和金融產業提供包含材料、設備、工具、項目等各方面進行質量和安全性測試。
⑦生命科學服務	為生醫製藥業者提供藥物成分的安全性和質量測試。
⑧礦產服務	對煤、炭、金屬、鑽石、鋼材、生物燃料等礦物等進行檢測服務。
⑨石化服務	對石油和天然氣提供勘察、分析和提取服務，以及後續的處理、儲存、運輸，提煉、分銷和零售服務。
⑩國際認證服務	為產品、系統、服務、流程進行檢驗，確保該項目符合國際標準或現行法規之規定。

◎全球有機產品驗證標竿 ECOCERT

ECOCERT 是全球驗證有機產品的標竿，說到有機認證，就一定會想到 ECOCERT。1991 年一群農業專家在法國創立 ECOCERT，如今辦公室遍及世界各地。ECOCERT 的主要工作包含監測有機廠商或食品生產者的生產管理以及檢驗天然及有機原料和產品，致力於減少農業用化學藥劑，以降低對環境的危害，並協助農業生產者生產有機產品。如今環保意識抬頭，加上人們對攝取的食品有更高的要求，所以只要經過驗證是天然有機的產品，不含石化原料、殺蟲劑、色素、合成香精、動物性原料等物質，往往具有極高的含金量，因為從原料到製作每一個過程都需要嚴格把控，時間和投入成本大，價格也比一般產品上翻許多倍！

葉媽媽水垢清潔劑「原材料」檢驗報告

F363(GC)v07en
Issued the: **21/09/2022**

Attestation n°: 1453409

ATTESTATION OF CONFORMITY - ECOCERT COSMETICS

List of the approved raw materials of: **DOW EUROPE GMBH**

Nat: Natural or from natural origin
Veg: Physically processed vegetal ingredients
Synth: Synthetic (petrochemical)

Unless an exception, the following references are published on the ECOCERT raw materials online database for approved raw materials available at the following link: http://ap.ecocert.com/ecoproduits

Commercial name / INCI / Function	%Nat	%Veg	%Synth	Restriction	Approved since
EcoSense(TM) 1000 *Decyl Glucoside* Surfactant	100	0	0		01/01/2023
EcoSense(TM) 1200 *Lauryl Glucoside* Surfactant	100	0	0		01/01/2023
EcoSense(TM) 3000 *Decyl Glucoside* Surfactant	100	0	0		01/01/2023
EcoSense(TM) 919 *Coco-Glucoside* Surfactant	100	0	0		01/01/2023

2.3 以人為本的創業理念

在我踏上創業之路的那一刻，我心中懷揣的不僅僅是財務自由的夢想，更是一種對人性的關懷和潛能的探索。這就是我成立葉媽媽居家清潔公司的理念——成立一個以人為本、開發員工潛能的就業環境。

創辦這間清潔公司的初心起於對人們生活品質的關注。我深知，一個整潔而愉悅的居家環境對於個人的身心健康都至關重要。然而，現代人的生活節奏普遍過於急促，根本無暇顧及家務，這讓我意識到，若能提供專業、高效的居家清潔服務，不僅能解決現代人沒時間整理家務的問題，還能還給他們一個能放鬆心情的高品質生活空間。一旦人們的生活質量有所提升，對我們的服務會更加信賴，將有助於我們產業邁入更穩定發展的階段。

公司的九大文化

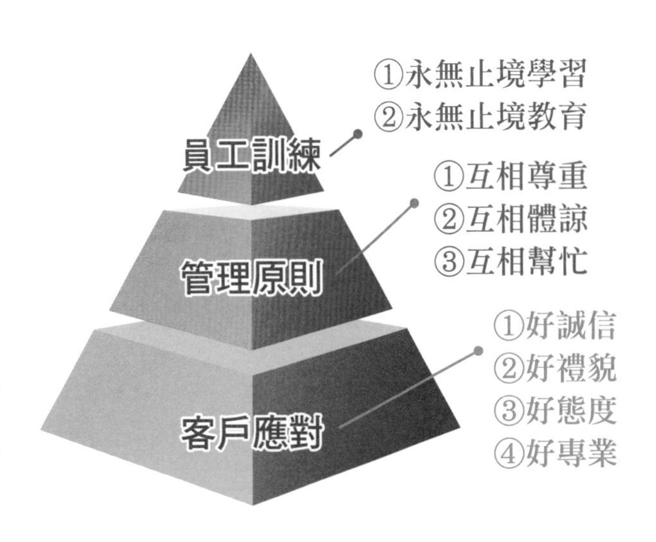

對我來說，「以人為本」不只是一句口號，更是公司營運的方針。公司文化是一個企業成功的基石，而我成立的居家清潔公司的文化核心可以用**「二永、三互、四好」**來概括：以「永無止境學習」、「永無止境教育」來訓練栽培員工；以「互相尊重」與「互相體諒」、「互相幫忙」的管理方式建立心理素質；再以「好誠信」、「好禮貌」、「好態度」、「好專業」來面對客戶群。以這九大文化作為公

司經營理念的基礎去奠定不倒的創業金字塔，這不僅是我經營公司以來的深刻體悟，更是我對員工和客戶的承諾。

永無止境的學習之路

不論大企業還是小企業，企業的根本主要還是「人」。想要讓企業有所成長、立於不敗之地，企業和員工都需要同時進步，因此，我們將培訓和栽培員工視為公司營運的重中之重。我們有一套系統化的培訓和實踐，能幫助員工盡快獨立作業，而我身為企業老闆，也應該以身作則，成為員工的榜樣，所以我自己也在持續進修，補充自己不足的地方。

由於我是做清潔服務這一塊，想說除了清潔一般住家或辦公的地方之外，還能怎麼運用，就想到了可以融合環保這個議題。現在世界各地政府和非政府組織都在積極推廣永續環保的概念，我就想多了解這一方面的趨勢，剛好台大有在開 ESG 的課程，E 是環境保護（Environmental）、S 是社會責任（Social）、G 是公司治理（Governance），這些都是我需要了解的領域，所以我就去上課了。幾個月的課程下來，我得到了不少啟發，比如我的第一支產品就取得 ECOCERT 和 SGS 的三大認證，產品成分不含四大重金屬，而且天然有機，對環境很友好。雖然這支產品還不到完美，但我會持續努力，讓往後研發的每一支產品都能接近完美的地步，既具清潔效果又能達到友善環境的目的。

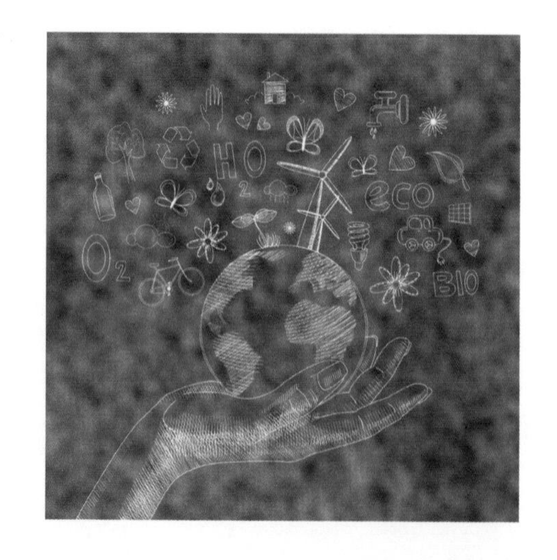

在管理方面，我們鼓勵員工之間建立良好的合作氛圍，尊重每個人的價值和貢獻，並以互相幫忙和互相體諒取代內捲和競爭，

讓這種互助精神提高工作效率，促進團隊的凝聚力。

最後，我希望在面對客戶的時候，能讓對方感受到我們團隊的誠信、禮貌、良好態度和專業。這不僅是為了營造公司的良好形象，更是為了滿足客戶的需求，為客戶創造價值。我相信，擁有這四個美好特質，才能在競爭激烈的市場中脫穎而出，取得客戶的信任。

我認為，一個好的公司體系始終是從人開始做起。因此，我們將培育和激發員工的潛能放在經營的核心，我相信把人做好了，企業才會跟著好。

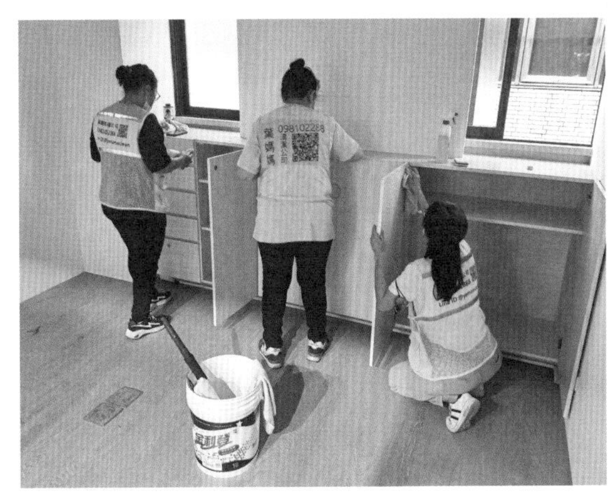

學習面對壓力的挑戰

我也很注重員工的情緒，因為我知道，長期積累的負面的情緒如果沒有得到抒發，會影響到工作表現、社會連結與家庭關係。一旦你心情變得愉快，你會發現到，不論是家庭、工作、人際、身體還是財運，全都會往好的方面發展，整個世界都順眼多了。

現代人的工作壓力大，所以適度的調節情緒是非常重要的。像我也會有心情不好的時候，這時候我就提醒自己，不要帶著憤怒離開家門、不要把工作上的不滿帶回家裡、處理事情時不要帶著怨氣、睡覺前不要讓煩惱纏身、處理事務時不要急躁。我喜歡在清醒時處理事情，在迷茫時閱讀書籍，在獨處時思考，當情緒激動時學會安靜。

轉移注意力也是一種很棒的轉換情緒，像我就喜歡玩象棋來讓自己大腦放空，暫時脫離負載過重的思緒。我也告誡自己，脾氣不能超過本事、地位不能超過德行、財富不能超過認知、欲望不能超過能力。這些原則是保持心靈平衡的關鍵，也是企業長遠發展的基石。

在這個 AI 狂潮來勢洶洶的世代，很多人都擔心會被 AI 所取代。科技的進步給人類帶來了許多便利，但同時也給我們帶來了關乎生存的威脅。在某些領域上，AI 的運算能力確實比人類更為出色，但我們人類也擁有獨特的武器，比如豐沛的情感和豐富的想像力。所以我們不能就此退卻，我們應該善用 AI 的優勢，學習駕馭 AI 來提升自己的技能和素養，以保持在競爭激烈的市場中的競爭力，不被時代淘汰。

以人為本的經營理念和科技的快速發展密切相關，是我相當重要的反思之一。在這個數據時代，我深知技術是企業發展的強大動力，但同樣重要的是人的力量。科技是產業的工具，而員工則是推動企業向前發展的核心。我相信，在科技的基礎上，以人為核心的經營理念能夠更好地激發員工的創造力和工作熱情。

在實踐以人為本的理念中，我將潛能發掘納入公司的核心價值。我深信每一位員工都有無限的潛力值得被挖掘。因此，我們積極建立了一個培育和激發潛能的企業文化，透過持續的培訓和職業發展計畫，我們鼓勵員工不斷學習和成長，讓他們在這個行業中找到事業上的成就感。

2.4 向清潔大國取經

要成功經營一間居家清潔公司，我認為創造潛能是取得競爭優勢的關鍵。我們不僅在清潔技能上不斷提升，更注重培養員工的團隊協作和溝通能力。這使我們的清潔團隊不僅僅是高效工作的個體，更是一支默契十足的團隊，共同追求卓越。

為了提升團隊的專業素養，我決定讓我們的主管階層出國進修，取得國際執照，而我選擇的目的地，就是以乾淨聞名的日本。眾所周知，日本的街道看不到任何垃圾，街道乾淨整潔，這不僅因為他們擁有先進的清潔技術，更是因為他們從小就培養良好的清潔觀念。

日本人從小就被灌輸不能隨意亂丟垃圾的概念，這種價值觀根深蒂固，成為了他們生活的一部分。維持街道整潔是他們從小學習的必修課，這種文化構築了一個整齊清潔的城市景象。在這樣的文化氛圍中，保持乾淨不僅是一種習慣，更是一種社會責任。日本人對環境的尊重與對他人的關懷形成了強烈的集體意識，使得整個社會保持高度整潔。除了對自己嚴格要求外，日本社會也極度重視公共場合的清潔，這使得城市不僅在私人領域整齊有序，公共空間也始終保持著舒適潔淨的狀態。

日本的民族性與社會性使得日本人對於清潔服務有著近乎吹毛求疵的堅持。因此，我覺得前往日本學習，深入體驗這種文化氛圍，應該更能感受到他們這種職人般的精神。回國後，主管們紛紛向我分享了在日本學到的種種

經驗，讓我覺得這樣的出國受訓是值得的。

對我來說，遠赴日本培訓與其說是提升技能，不如說是一種對清潔事業的投資。在整個過程中，我們團隊深刻理解到，清潔除了是一份工作之外，更是一種生活態度的展現；而這種態度的建立無法一蹴而就，需要從小培養，並在工作中透過日復一日的實踐才得以鞏固。雖然一時半刻無法復刻這樣的文化與追求，但團隊的感受與轉變對我來說也是一種收穫。

除了技能的培養，服務態度也很重要。日本街邊的櫃台人員不僅專業，而且有著出色的服務精神。我希望我的團隊也能夠具備這樣的特質，讓客戶在我們的服務中感受到滿滿的誠意和專業。藉由赴日學習、體驗，除了導入了日本的清潔技術外，更希望將日本的服務理念融入我們的企業文化中。

這種不斷追求提升的心態不僅展現在我們的公司文化上，也反映在我個人的處事方式上。我傾向於向他人自然而然地講述這些向上學習的故事，因為這是我真實的感受和體悟。我相信，這樣的心法不僅適用於清潔行業，更是一種成功的心態。

刻進 DNA 的習慣

初踏這片土地的人一定都會不禁發出感慨，為何日本能如此乾淨？答案很簡單，日本人之所以能自動自發時時注重清潔，是因為他們從小就養成這樣的習慣。打掃衛生是學校生活中不可或缺的一環，回到家裡也是如此，父母從小教育孩子保持衣物和空間的整潔。同時，學校課程也融入了清潔的社會觀念，幫助孩子增強對環境的清潔意識，並引以為傲。

可以說，學校對於學生在清潔方面的養成具有重大意義，讓學生從小就理解維護使用空間整潔的責任和重要性，學生進入教室需要更換室內拖鞋也是日本獨有的文化。去到別人家中作客，也需要脫鞋然後清除襪子上的灰塵，避免在人家地板上留下一串髒腳印。可以想像，這種氛圍下培養出的孩子，長大後自然而然對周遭環境充滿責任感，這或許就是日本能夠保持整潔的原因之一。

這裡跟大家分享一個日本人愛乾淨的小故事，2018年在俄羅斯舉行的世界杯足球賽，比利時隊以3比2的成績踢走日本隊，晉級八強。儘管傷心欲絕，但日本球迷也不忘帶走垃圾，把現場收拾乾淨，日本人對於清潔的執著可見一斑，不僅體現在日常生活中，甚至可以說是刻在DNA中。可能會有人好奇，為什麼日本人這麼愛乾淨，這習慣究竟是如何養成的呢？這裡要先提一位名叫三浦按針的武士，他原是一名英國航海士，本名叫威廉・亞當斯（William Adams），因故漂流至日本，受到德川家康的重用而成為其外交顧問，是歐洲人成為日本武士的代表人物之一。三浦按針在1600年踏上日本國土時就發現日本非常乾淨，他在自傳中提到，日本的上流社會非常愛乾淨，喜歡泡澡和熏香，他們的下水道和廁所保持得一塵不染。相比之下，當時的歐洲人卻不怎麼注重個人衛生，當時英格蘭的大街上隨處可見大小便，讓日本人大感「震驚與不解」。

日本人之所以如此愛乾淨的原因大抵是出於現實考量，比如炎熱潮溼的環境容易讓食品腐壞，而良好的衛生習慣不容易生病。除此之外，可能還有一個更深層的原因，那就是全面覆蓋的宗教信仰。日本信奉佛教，接觸過日本文化的人應該都知道，日本僧侶會利用打坐或淋瀑布修行，以清除身心靈上的汙垢。早在佛教傳入日本之前，日本就有自己本土的宗教，即神道（Shinto），而潔淨即是神道的核心。神道把心靈的汙垢或罪孽稱作「穢」（kegare），如果個人不潔淨，會給社會和其他人帶來傷害，因此需要經常清潔來洗去髒汙，佛教的引進更強化了日本人已經恪守的清潔之道。這也說明了為什麼日本人會比其他信奉佛教的國家更加愛乾淨的原因，因為他們打從心理認同身心潔淨的重要性。

收穫滿滿的海外淨修之旅

我們團隊在東京涉谷待了一個禮拜，儘管中途遇到了卡努、蘭恩兩個颱風接力搗亂，但在幸運之神的眷顧下，還是順利完成所有課程與參訪並成功考取收納證照。這次的海外淨修課程讓團隊留下深刻的印象，事後大家紛紛向我反饋這一次的培訓心得，很是滿意！他們第一天到達日本的土地上，嗅到的空氣非常清新，路上遇到的行人也很有禮貌，當天中午點了日式咖哩雞排飯，口感香醇濃厚，每一口都讓人驚豔。他們以這樣興奮與期待的心情迎接隔天正式上課的到來。

考取證照的心情猶如小鹿亂撞，充滿了學習的渴望。正式上課的第一天每一位學員都表現出極大的興奮，迫不及待想了解上課內容。這份激動情緒持續了一整個課程，直到最終考證也尚未平復。

開始上課後，老師日文和中文流利地切換使用，讓大家擔憂的語言隔閡問題放心不少。教室的模擬場景和教學工具無一不是乾淨俐落，整個教學過程有條不紊。此外，走進教室的一路上，每個牆面皆展示了滿滿的清潔教學小圖示，讓大家感嘆道，日本人的服務與周到真是無微不至。

對於公司能提供這樣的海外受訓，員工都表示支持，雖然一樣都是上課，但是比起線上考證，線下的實際培訓更能讓人感同身受，何況還是這種親臨現場、體驗當地風土民情，上課和考照兼具的海外培訓之旅呢！這樣的實地考察，確實為海外進修增添許多難得的體驗。回顧這次的日本之行，團隊們不僅學到了專業知識，更感受到了日本人對清潔的用心和堅持。這趟旅程不僅是知識的融會貫通，更是一場心靈的淨化。這個過程讓大家深深體會到，尊重清潔人員的辛勞是維護整個社會清潔的重要環節。清潔服務不僅是一門職業，更是為社會營造美好環境的貢獻。因此，整個社會都應該更加尊重和感激每一位默默耕耘於清潔行業的夥伴。回國後，同仁們紛紛向我表示，他們以清潔行業為榮，希望將這份尊重和熱愛的精神帶回來，影響更多人，讓清潔不僅是一種習慣，更是一種文化。透過我們的努力，讓社會充滿愛和清潔的力量。

教室牆面清潔小圖示

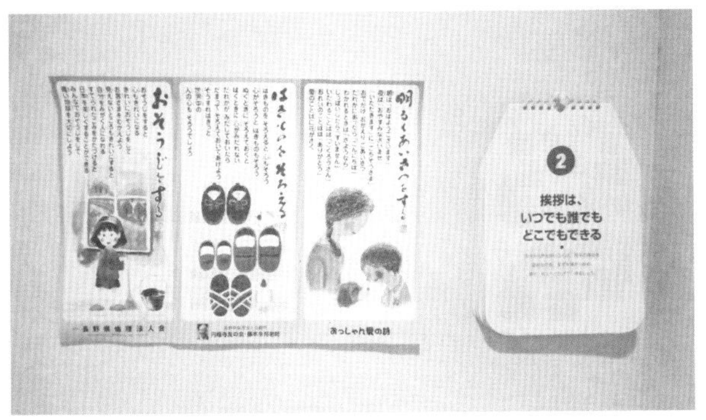

一日課程表

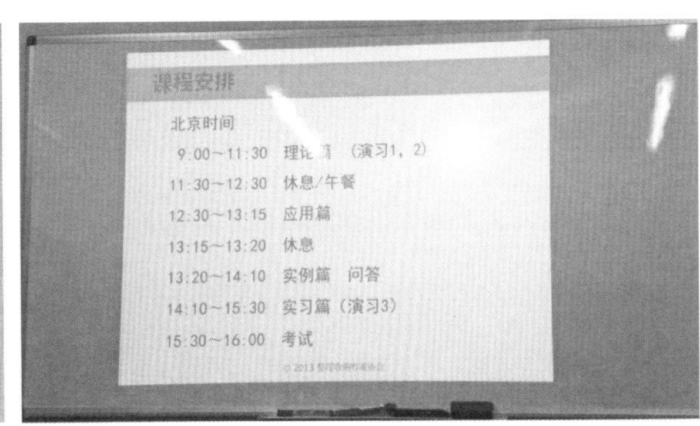

實地演練中

認真上課中

街頭實習中

結訓認證

整理収納アドバイザー2級認証

下記の者を整理収納アドバイザー2級であることを証明します。

HKSA2CNLA-00025

王 宇治

2023年08月02日認定

特定非営利活動法人　ハウスキーピング協会

〒151-0064　東京都渋谷区上原3-5-2 mビル

URL https://www.housekeeping.or.jp

結訓認證

整理収納アドバイザー2級認定

下記の者を整理収納アドバイザー2級であることを証明します。

HKSA2CNLA-00026

龔 維珈

2023年08月02日認定

特定非営利活動法人　ハウスキーピング協会

〒151-0064　東京都渋谷区上原3-5-2 mビル

URL https://www.housekeeping.or.jp

2.5 公司最重要的資產

不加班才是常態

在我的認知裡，我並不鼓勵員工加班，因為加班通常代表工作能力不足，員工能力不足也就代表我在教育員工方面的失職，與其讓員工加班，不如提升員工能力，讓他們能在時間內完成任務。我希望我的員工能夠在工作中保持高品質與高效率，同時保持身體健康，如此一來，才能夠獲得更多的收入，所以葉媽媽並不鼓勵加班，或視加班為常態。

對一般大眾來說，成功常常被定義為擁有豪宅和豪車。然而，對我而言，真正的成功意味著擁有健康的身體和平靜的情緒，能夠過上自由選擇的生活，擁有財務上的自由。這些是我所追求的真正價值，我也希望不論是我的員工或是加入我團隊的人，也能夠擁有這一切。

葉媽媽不僅僅追求工作上的成功，更重視員工的整體幸福。透過提倡健康和平衡的生活方式，共同創造一個可以事業有成，同時擁有身心健康的工作環境。讓大家一同追求真正的成功，讓生活更加豐富有意義。

創造友善的工作環境

在員工眼裡，葉媽媽是一個充滿默契和溫暖的大家庭。在這裡，公司和員工之間並非一段單向的關係，而是共同奮鬥、共同成長的夥伴。公司並非僅僅是一個工作的地方，更是一個學習場所、一個讓夢想開花的土壤、一個專業成就的平台，也是一個大家引以為傲、願意為之奮鬥的家。

葉媽媽致力於員工的教育訓練，希望打造出一個讓每位員工都能不斷提升自我、發揮潛能的樂園。我們理解，只有在知識不斷更新的道路上前行，才能真正與時俱進，保持競爭力。因此，公司提供全面而細緻的培訓計劃，讓員工可以在專業領域中不斷精進，並將所學應用在現實層面。在這個教育訓練的過程中，公司強調的不僅僅是技術層面的提升，更是對員工個人和團隊的全方位培養。這包括溝通技巧、問題解決能力、協作能力、領導能力等，旨在打造一支既具有專業技能又擁有全面素養的團隊。

而公司的夢想並非僅限於商業目標的實現，更包括每一位員工個人的夢想。公司願意成為員工夢想的支持者和夥伴，提供良好的就業環境和發展平台，讓每一個人都能夠在這塊土壤上茁壯成長。這裡不僅僅是一個實現自己夢想的地方，更是一個集體夢想的實現之地。我們相信，每位員工的成功也是公司的成功。

專業是我們追求的另一項目標。我們注重每一個細節，這個目標已經深植在每一位員工心中，不僅展現在工作態度上，更體現在對待客戶的專業態度上。我們以優秀的品質和服務標準贏得了客戶的信任，同時也贏得了對自己的尊重。「自豪」就是這種氛圍下衍生出來的一個成就解鎖，員工能為自己所從事的行業感到自豪，為公司的成就感到自豪，更為每一位同仁的貢獻感到自豪。這種自豪感來自於用戶的肯定和對自我價值的認同。我們都知道，公司的成功離不開每一位員工的辛勤努力，這是一種集體的自豪。

公司始終秉持著進步的理念，鼓勵每一位員工積極參與新項目、學習新知識，與時俱進。在這個快速發展的時代，只有不斷進步，才能保持競爭力。因此，公司提供了各種進修和培訓的機會，讓員工可以不斷提升自我，迎接未來的挑戰。

與時俱進也體現在公司管理和運營的方方面面。我們不僅關注市場的變化，還注重行業的前沿技術和趨勢。公司鼓勵員工參與各種學習和研究活動，保持對行業的敏銳性，以更好地滿足客戶的需求。

我們也注重員工福利。除了保證收入外，也關心員工的生活品質。彈性的工作時間、健康檢查、文娛活動等福利政策讓員工感受到公司對他們的在乎。公司不僅是一個工作的地方，更是一個讓員工感到溫暖和被重視的家。在這個大家庭中，團隊精神是推動公司不斷發展的強大動力。我們強調合作和共贏的理念，鼓勵員工互相合作、共同成長。每個人的成功都是整個團隊的成功，這種共同奮鬥的精神讓公司充滿凝聚力。

我們也以多元化的員工組成為傲，這不僅體現在各個年齡層的員工，還包括性別、婚姻狀態、學歷等方面的多樣性。我們歡迎各種背景的人才加入，相信多元的人才能激出創新的火花。有在校學生帶來的活力，有年長者帶來的穩重經驗，還有媽媽們的細心和堅韌，每一位員工都把這幅名為葉媽媽居家清潔的畫卷渲染上更多色彩。

對於婦女員工，公司提供靈活的工作時間和完善的產假制度，以確保她們在事業和家庭之間取得平衡。同時，我們重視在學員工的學業發展，提供彈性的工作安排，讓他們能夠兼顧學業的同時，還能打工維持生計。對於年長者，公司設有專門的培訓計畫，幫助他們適應新的工作環境和技術，提高競爭力，他們的豐富經驗也是一項貴重資產，能在團隊中發揮領導力，起到凝聚眾人的力量。對於社會新鮮人，公司設有專門的培訓和導師制度，協助他們更快地融入公司文化，提升工作技能。

在葉媽媽工作，公司與員工之間的關係與其說是單向的僱傭關係，更像是一種雙相奔赴的成全。我們樹立的價值觀，不僅為員工提供了良好的發展平台，更燃起了每一位員工內心深處的激情。在這個大家庭中，我們共同築夢、共同奮鬥，構建出一個充滿溫馨和活力的工作場所。公司成就了員工，員工也見證了公司的成長。這是一個相輔相成、共生共榮的關係，擁有著豐富的內涵和深刻的情感。未來，我們將攜手前行，共同書寫更多精彩篇章。

員工眼中的公司

詹先生

在設計裝潢公司成立的一年後，葉媽媽居家清潔有限公司緊接著誕生了。一路以來看著老闆對事業的堅持，讓葉媽媽居家清潔有限公司一步步成長茁壯，我真的覺得光榮又欽佩。

2022 年年底，我接到指令負責葉媽媽居家清潔有限公司的政府園區標案和整個業務。經過一番深入接管後，我才知道管理真的不是一件容易的事。基於老闆對我的信任，我遇到的困難也都一一的克服和排除了。後來業務逐漸步上軌道，在穩定中不斷成長。

我期許我們底下員工都能夠貫徹老闆的意志，不怕辛苦地築夢踏實，讓葉媽媽居家清潔有限公司成為同業中的第一品牌、第一把交椅，從今以後，想到居家清潔就會想到專業第一的葉媽媽居家清潔有限公司。

張小姐

作為葉媽媽居家清潔公司的員工，我感到非常榮幸。我很自豪能夠成為這個團隊的一員，這是一個充滿關懷和專業精神的公司。入職的這段時日以來，我學習到很多不同層面的東西，公司的持續進步和與時俱進讓人安心，讓我覺得，只要跟著公司的腳步發展就能開啟無限可能。

林阿姨

我來這裡工作已經一年多了，我對葉媽媽的感想是「感謝」兩字。葉媽媽不僅給了我一個穩定的工作，也給了我很多彈性，尤其是工作時間的安排上，葉媽媽完全尊重當時我應徵時的需求，讓我感受到自己被照顧與尊重。葉媽媽居家清潔公司非常有誠信，即便我只是兼差的，仍舊給予我比照正式員工的福利，有些待遇甚至比之前的公司都來得好。老闆說只要是認真工作的人，她都會看見，而她也說到做到。

老闆對員工很重視，也會適時給予鼓勵，讓我們感到很暖心，過年有紅包、端午有粽子、中秋會組織烤肉，把我們當成朋友一般對待，我非常感謝老闆。

張同學

在這份工作中，我深刻體會到公司的管理和文化真的讓人感到舒心。首先，員工教育訓練得很仔細與清楚，使我能夠迅速掌握所需的技能，有信心面對工作。其次，透明的排班溝通以及一目了然的班表，使我能夠有效安排自己的時間，減少了工作上的不確定感。主管的負責與可靠更是給予我強大的支持，每當遇到問題時，他總是能夠清晰地給予指示和建議。員工對業主服務的態度非常良好，而且不會推託責任，這讓整個團隊呈現出積極向上的形象。最令我感動的是，大家都擁有高度的團隊合作精神，同心協力，共同努力以確保工作的順利進行。在這樣的工作環境中，我深感自己不僅得到了支持和激勵，更在這個大家庭中找到了歸屬感。

柯媽媽

加入葉媽媽團隊已經有半年的時間了，這段時間讓我深刻體會到葉媽媽清潔公司的卓越之處。公司擁有完善的制度，更為員工提供體貼與周到的照顧，這在其他清潔公司中實屬難得，讓我由衷感激葉媽媽的用心。

在競爭激烈的環境中，葉媽媽憑藉專業知識和技巧脫穎而出。半年的工作經驗中，我有幸向葉媽媽學習到許多提高清潔效率的方法，這使得我的工作更為得心應手。

當然，清潔工作最終的目標是讓客戶滿意。葉媽媽在與客戶的驗收過程中表現得非常細緻入微，總是耐心解說每一個細節。即便在驗收時出現一些缺失，葉媽媽也會立即安排再次驗收，確保客戶得到最完美的服務。這種用心受到客戶的高度評價，讓葉媽媽在業界擁有優越的口碑。

最後，我要感謝和我一同努力工作的夥伴們，大家的合作精神讓工作變得更加輕鬆愉快。期許葉媽媽團隊業績蒸蒸日上，並感謝每一位共同努力的夥伴，謝謝大家！

蔡同學

我真心向大家推薦葉媽媽居家清潔公司，不僅服務態度好，價格實惠，做事有效率，員工們也都有想要向上的心，這樣的獨特氛圍讓我感到非常振奮，我相信在這樣的環境中，我將有更多學習和成長的空間。我立志要越來越出色，更加精湛地完成工作，貢獻自己的力量。同時，我也祝願公司的每一位成員，讓我們一同攜手努力，取得更多的成功和成就。感謝葉媽媽公司給予我這個美好的工作體驗，讓我能夠享受到活力和諧的工作氛圍。

沈媽媽

感謝能成為葉媽媽居家清潔公司的一員，公司的教育訓練使我從一般清潔的知識提升到更專業的領域，主管也很負責，透過自身的專業經驗教授我們如何用更省力及省時的方式來作業，以達到事半功倍之效。同事間會互相學習一起成長，每個人在自己的崗位上全力以赴，這樣的工作氣氛真的很好，你會在不知不覺間跟著一起進步。讓我感受到，公司將會是我們員工的後盾，可以一起創造無限可能。然而最吸引我的還是公司福利，讓我相信努力就會獲得該有的收穫，而這個收穫將會無上限！快，趕緊加入我們，一起成為葉媽媽團隊的一員，你將感受到步入軌道的成就感。

黃先生

葉媽媽居家清潔公司於 110 年 6 月 16 日成立，雖然我沒來得及參與公司的創立，但有幸見證到葉媽媽在公司制度、業務運作以及標案競爭中逐漸穩定成長的狀態。雖然可惜錯過了初創時期的最具動力和創造力的時刻，然而這段時間的觀察讓我深刻體會到葉媽媽公司的成長軌跡。

在這個過程中，我看到葉媽媽不斷在強化公司制度，確保運作的效率和透明度。同時，公司在各項業務上的穩健發展讓我印象深刻，展現了其卓越的管理和運營能力。葉媽媽公司的成長步伐令人欽佩，如果以世界企業 500 大排行來評價，葉媽媽絕對有資格在其中占有一席之地。這不僅是對葉媽媽個人的肯定，也是整個團隊共同努力的結果。

期待葉媽媽公司未來更大的發展，並為其在業界的卓越表現感到驕傲。這段時間的見證讓我對葉媽媽公司充滿信心，相信在老闆的領導下，公司將持續茁壯成長，取得更多的成就。

王先生

公司成立目標旨在提供客戶卓越的清潔品質。為此公司投入大量心力研究市場工具、清潔劑、清潔工法等相關領域，進而制定出一套完整的標準作業流程。同時，員工也積極參與各種專業課程，不斷提升公司內部的效率與專業水準。

這些努力的背後，是我們深深的信念——為客戶營造一個安心、健康且舒適的居住環境。我們明白，居住環境的品質直接關係到人們的生活品質，因此我們以極高的標準要求自己，確保所提供的清潔服務不僅達到客戶的期望，更能超越他們的期待。

透過市場工具的精密分析，我們能夠更好地了解客戶的需求，從而量身打造出最合適的清潔解決方案。精心挑選的清潔劑和先進的清潔工法，確保每一次的清潔作業都能達到高標準的衛生要求。

我們深知，這份責任不僅僅是提供一項服務，更是為創造一個溫馨、健康的居家環境貢獻一份心力。因此，我們的努力不僅僅是為了業務的發展，更是為了讓每一位客戶感受到我們對於家的關愛，為他們打造一個如同家人般安心的居住天地。

用心清潔，也能成就一番偉業

在葉媽媽居家清潔公司，我們始終堅信著一個理念——**用心清潔，也能成就一番偉業**。我們給予清潔技術者一個舞台，讓他們能夠施展才華，透過這份工作獲得成就感和自信。我們深知，每一位清潔技術者都是我們成功的關鍵，他們的專業技術不僅為客戶提供高品質的服務，更為公司帶來光榮的成就。

對我們而言，把事業當作志業是我們的核心價值。我們全心全意為客戶提供服務，這樣的態度使葉媽媽的服務廣受好評。我們注重每一個細節，追求卓越，以確保客戶在我們的服務下感到滿意，方能建立長久的合作關係。

身為公司創辦人，建造一個卓越的團隊是我對客戶的責任。企業文化體現的是一個公司內部價值體系的核心，而這種價值觀的匹配對於吸引和保留優質客戶至關重要。當公司的價值觀與客戶的價值觀一致時，客戶就容易產生共鳴和信任。因此，我們注重員工的培訓和發展，全心創造一個互相尊重和關懷的辦公環境。在這樣的氛圍帶動下，我相信員工將更加積極向上，更關注客戶的需求，透過傾聽與接收與客戶達成共識。透過這個共識，客戶感受到的將不僅僅是單純的商品或勞務，而是葉媽媽團隊們釋出的熱情、關愛與付出，進而建立起穩固且雋永的合作關係。

由於公司上下齊力一心，為客戶提供優質的服務，客戶滿意於我們的服務，進而願意主動為我們宣傳，讓我們一直擁有絡繹不絕的優質客戶。透過客戶們的口耳相傳，我們自 110 年 6 月 16 日成立以來，從最初只提供居家清潔服務，到如今已發展成占有全台80%清潔專業技術與營業項目的新創公司。員工從個位數增加到如今的十位數之多，業績也轉虧為盈，持續穩定成長。不到兩年的時間，我們已經服務超過一千個案件，展現出公司的堅強實力。公司能有如今的表現，我由衷感謝每一位替葉媽媽服務的員工以及那些認可我們、願意給我們機會的客戶，在此向這些人表達我的誠摯謝意。

2.6 以身作則的領導力之路

以身作則，學無「芷」境

葉媽媽的一條重要守則就是「給員工持續性的教育與培訓」，這條守則對我也不例外。在我的創業生涯中，我一直致力於學習和提升自己在清潔行業的專業知識。在經營室內設計公司之前，我的清潔經驗主要集中在一般的日常清理，但經營裝潢公司之後，我開始接觸到裝潢後細清這個未知領域，很多處理細節不像居家清潔那般簡單，是更專業更深入的清潔層面，於是我開始學習不足的地方，最後成功將學到的養分注入到葉媽媽這顆創業種子上，讓裝潢細清成為葉媽媽的其中一項主力業務。

身為公司創辦人，同時也是站在第一線的負責人，我深刻體會到我需要更深入了解並解決這些挑戰的重要性。我想說既然開公司是要賺大家的錢財，當然也要想辦法回饋於社會，所以台大那邊剛推出 ESG 的課程時，我就親自報名上課，了解現行的環保法規、如何減少碳排放等議題。大概上了兩個月左右，我成功結業也拿到了證書。

ESG 上課畫面

在我創業的旅程中，我一直秉持著學無「芷」境的態度，「芷」是我的名字，所以對我來說，它也是一種對自我的提醒和期許，期許自己對於學習的追求永不停歇。

學歷與學習力孰輕孰重？

至於學歷與學習力，究竟哪個更重要呢？對我而言，學歷固然重要，但更加關鍵的是學習的能力。學歷只是一張紙，代表著過去所獲得的知識和技能，而學習力則是你學習解決問題的能力，是面對未知挑戰時的靈活應變和自我提升的能力。很多領導者其實學歷並不高，成就卻很高，最有名的例子就是白手起家的台塑集團創辦人王永慶先生，因為家境貧寒，國小畢業就出外打工。16 歲的時候向父親借錢和二弟一起開米店，憑著敏銳的觀察力，在顧客的米快吃完之前主動送米過去，讓顧客覺得貼心也能保住客源；還會注意顧客的發薪日，等到發薪日過後的兩三天才到府收款，幾乎每一次都收得到錢。由於品質好，服務佳，逐漸做出口碑，顧客越來越多，生意也越做越大，出色的經營頭腦已初見苗頭。

如今取得碩士學位的人比比皆是，我的學歷並不算突出，但我的逆商和情商是我的底氣。當面臨挫折和困難時，我有著強大的適應能力，能夠控制自己的情緒並找到解決方案，我也能敏銳地察覺他人的情緒變化。我天生是一個樂觀主義者，我會從反面教材學習並思考如何將其轉化為正能量，這是我看待世界的方式，觀察人類提醒自我缺失，進而達到每一次的自我突破。

ESG 結業證書

(111)臺推教字第 202 號
學號：1106251024

國立臺灣大學推廣教育證明書

葉芷蘭，中華民國柒拾玖年柒月拾日生，自中華民國一百一十一年二月十八日至一百一十一年三月十八日在本校進修推廣學院企業永續發展與管理研習專班第一期修業期滿　特此證明

校　　長 管中閔

進修推廣學院院長 郭明慧

校對者：

中華民國一百一十一年三月

栽培領袖的領導者

經營公司的過程中，讓我理解到，領導力不只是掌握和行使權力，更多的是在於願意承擔責任，培養下屬，並幫助他們取得成就。真正的領導者應該是解決問題的高手，能夠在困境中保持冷靜，找到最佳解決方案。在我看來，企業的優秀表現來自於能夠幫助多少人取得成功，而這正是領導者的使

命。成功的領導者必須具備豐沛的能量和卓越的格局。他們應該願意承擔責任，為下屬的成功貢獻力量。領導者的魅力應該體現在吸引人才、培養人才和凝聚團隊的能力上。這正如約翰 ‧ 麥斯威爾（John C. Maxwell）所言，領導者應該遠見卓識，能夠清楚地看到前進的方向，並帶領團隊勇往直前。

約翰 ‧ 麥斯威爾是全球公認的領導學專家，他提出很多關於領導和經營方面的精彩言論，在他的《領導力 21 法則》中有一句話：**「任何遵循爆炸性倍增法則的領袖，將從跟隨者的成長模式轉換成領導者的成長模式」**，也是我的座右銘。麥斯威爾的好友嘉羅威也說過類似的話：「有些做領袖的只喜歡帶領跟從者，而我卻喜歡栽培領袖。其實我不僅喜歡栽培領袖，更喜歡栽培那種能夠帶出領袖的領袖，也就是栽培代代相傳的領袖。」一旦你掌握了這種模式，成長將永無止境。所以，我認為成功的領導者應該是能夠栽培具有領導力的人，如果我以栽培領袖的心態去栽培員工，自己也需要不斷的進步才具備能領導領袖的能力，這種互相激勵的模式將讓成長永無止境、學無止境。

要成為一位培植領導者的領袖，所持的心態與專注顯然與培養自己的追隨者有很大程度的區別，這兩者的主要區別如下：

培養跟隨者的領袖	培養領導者的領袖
◈ 有被人需要的感覺 ◈ 專注於人的弱點 ◈ 發展最下層的 20% 人員 ◈ 為顯「公平」而對人一視同仁 ◈ 把持一切權力 ◈ 在一般人身上花費時間 ◈ 以加法方式成長（效率慢） ◈ 只影響到身邊常接觸的人	◈ 目的是希望有人承繼他 ◈ 專注於人的長處與潛能 ◈ 發展最上層的 20% 人員 ◈ 用個別化方式對待領袖人才以發展他們的影響力 ◈ 適當地把權力分授出去 ◈ 在人才上投資時間 ◈ 以乘法方式成長 ◈ 影響半徑極大

那些只想「培養跟隨者的領袖」，大多是因為想要有被人需要的感覺，

因此不肯下放權力，擔心一旦權力轉移，自己的重要性也會受到影響，不再是眾星捧月的存在。

因為擔心失去權力，不希望培養出競爭對手來取代自己，因此通常會將時間花在較底層的人員或一般人身上，不論是升遷速度還是能力都不會給自己帶來壓力，還能給人一種「公平公正」的感覺。

由於為了把持權力而放棄對人才的培養，如此一來，團隊效率往往提升不起來，只能以「加法」的方式成長，影響力止步於身邊時常接觸的人。

而對於目的在「培養領導者」的領袖們來說，他們希望的是有人能夠跟上他們的腳步與思維，所以願意釋放權力，讓有能力的人有發揮的機會，也能藉此發掘成員的長處和可能性，激發他們的潛力。這樣的領袖並不擔心會被取而代之，因為他們知曉集體的力量遠大於個人的力量，這才能產生出「1＋1＞2」的效果。

我覺得真正有格局的領袖，不會擔心權力的釋放會讓自己失去在公司的重要性與影響力，反而更願意看到公司內部人才濟濟，不但能互相刺激成長還能帶動整體業績向上發展，所以我非常認同麥斯威爾與嘉羅威對領導力的解讀，希望透過自身的言傳身教能帶動公司與團隊的士氣。

2.7 葉媽媽的榮耀時刻

榮獲國家品質保證金像獎

2023 年有兩件讓人振奮的好消息，一件是我們成功標到政府的案件，另一件是接到中華工商經貿科技發展協會的邀請，通知我們被評選為「國家品質保證金像獎」。我調查了一下這間協會和這個獎項的背景，他們在 2019 年有邀請前總統馬英九先生來頒獎，是一個非常有公信力的機構，而被評選為「國家品質保證金像獎」代表我們被認可為一間很有品質的公司，我們有在認真做事和公司也真的做到很有品質，因此受到肯定這件事讓我感到無比的榮幸和開心！

故事開始於某天上午的一通電話，對方自稱是中華工商經貿科技發展協會，跟我說他們正在做一項名為品質保證金像獎的企業評選活動，這個活動透過由社團組織和公營單位的消費者推薦，再由學者和專家組成的評委會進行評選，目的在表揚具有高品質和發展潛力的企業。

協會向我透露，國家品質金像獎的評選標準極為嚴謹，涵蓋了品質管理的多個層面。它強調組織的品質政策和策略，看重企業在制定品質目標、擬定品質計畫以及品質政策宣示方面的表現。評選中更會關注組織的品質管理體系，包括品質手冊、流程程序文件等是否健全。而品質管理的核心——流程控制與品質保證，也是評審的重要焦點之一。此外，對於品質改進、品質數據分析、客戶滿意度的提升等方面都有相應的評估標準，以全方位、多層次地呈現企業的品質實力。

每一屆的國家品質金像獎都將優秀的企業推上榮耀的舞台。這些企業跨足各個產業，從製造業到服務業，從中小企業到大型企業，無不展現出卓越的品質管理水平。得獎企業的名單彷彿是一本台灣企業品質的名人錄，讓人見識到台灣企業在國際市場上的競爭實力。這些企業中的佼佼者，不僅擁有卓越的品質體系，更在不斷創新和改進的過程中，引領台灣產業邁向更高的巔峰。

我對這樣充滿產業推動意義的活動感到十分興奮，並表示公司願意配合參與。通過上網搜尋協會的相關資訊，讓我看到他們有著深厚的背景和一系列具有公眾關注度的活動，這使得受邀參與他們頒獎活動成為一個充滿榮譽感的機會。

協會代表向我詳細介紹了活動流程，包括推薦、評選和得獎企業的相關事宜。他們會在每年播出的節目中，選出不同產業的 1 到 2 家代表性企業，將其推薦給國內消費者，讓人感受到協會對於扶持新創產業的用心。在了解了活動的基本內容後，我提出了更具體的問題，並表達了對於參與這樣一個評選的好奇心，協會代表很有耐心，一一回答了我的疑問，並向我提到了活動的宣傳機會，於是我向對方表達了參與的意願。

活動播出時刻表

協會代表還提到了活動播出的時間點以及與馬來西亞媒體的合作。這些宣傳管道讓我感到振奮，因為這意味著我們公司會被更廣泛地宣揚。最後，我表達了對活動的期待，希望了解是誰推薦了我們的公司，並且有機會與其他企業進行比較。整體而言，這次對話使我對參與品質保證金像獎的前景充滿信心，也期待著公司在評選中的亮眼表現。

協會評選結果出爐，我們公司榮獲 2024 年「台灣品質保證金像獎」！這是對我們品質卓越的充分認可。這個榮譽讓我們感到驕傲，也是對我們公司

榮獲國家品質保證金像獎

在提供高品質清潔服務方面長期堅持的最好證明。這樣的獎項不僅代表著我們的努力受到肯定，還是我們持續追求卓越的一個見證。因此，我樂於參與這樣的頒獎典禮，除了接受榮譽，更是為我們公司的品牌形象添上一抹光彩。這些成就不僅是對我們努力的回應，也是對我們承諾高品質和負責任經營的肯定。公司同仁深獲鼓舞，決心繼續秉持著這樣的信念，致力於為客戶提供卓越的清潔服務，為同行樹立良好的典範。

葉媽媽居家清潔所渴望達成的目標是無上限的，我們不僅追求不斷的業務增長，更希望通過不斷推陳出新的產品，為消費者提供更優質的選擇。對於環保和 ESG 議題的關注是我們一貫的理念，我們積極參與相關的課程和活動，以確保我們的產品和服務在環境和社會層面都能做出積極的貢獻。整體而言，我對公司的發展充滿信心，對於榮獲品質保證和華商卓越品牌獎項之後的未來充滿期待。這是我們走向更廣闊舞台的一步，也是我們堅持品質和環保價值觀的展現。我期待著公司未來的成就，相信這將是一段充滿挑戰和機遇的旅程。關於企業獲獎過程，協會也特別在過年期間錄製成節目，對創業有興趣的人可以掃描右方 QR code，了解獲獎企業有哪些值得借鏡的地方喔！

影片連結

保持一顆對人對己都真誠的心

常常有人問我：「葉媽媽的成功關鍵到底是什麼呢？」在這裡，我想和大家分享，其實我成功的原因無他，首先就是一顆真誠的心。對顧客真心關懷，對員工真誠尊重，這是我一直秉持的信念。我們的清潔服務不僅僅是為了要完成工作，更是為了讓顧客感受到我們的用心和關懷。這種真誠和關懷不僅贏得了顧客的信任，也讓員工有歸屬感。

對葉媽媽而言，清潔不僅僅是一項工作，更是對客戶的真心承諾。履行工作的同時，我們會留意到客戶的生活瑣事，觀察著每一個細節。這種真誠的關懷能夠提供更加貼心和細緻的服務，使得清潔變得不再只是一項任務，而是一種共同經歷的情感連結。

透過一顆真誠的待客之心，我們不僅打破了陌生感，還能夠建立起一種家的溫馨氛圍。葉媽媽所帶來的不僅僅是整潔的環境，更是一種舒適和輕鬆的情緒，彷彿帶著一縷陽光，為整個空間注入了愉悅的色彩。居家清潔是一種情感的流動。這種真誠如同涓涓細流，穿越時間的洪流，將客戶家園與我們的心靈連結在一起。當客戶感受到這份真誠，居家清潔就成為了一種擁有心靈觸動的溫馨體驗。

而在面對員工的態度上，我們則堅持要有一顆與員工共同成長的心。一個企業的成功與否，不僅僅體現在短期的經濟效益，更體現在員工的個人成長。在我看來，一個領導者不僅僅是公司的舵手，更是員工的引路人。透過建立一種以人為本的文化，我追求在領導層面發揮榜樣作用，不斷激發員工的潛能。我相信，一個擁有發展空間且受到尊重的員工，能夠在工作中充分發揮個人的價值，同時為公司創造更多價值。為了讓員工實現事業和個人的雙贏，我投入了大量資源來建立完善的培訓計畫和晉升通道。這不僅包括技能培訓，更關注個人職業發展的方方面面。公司通過定期的培訓課程、工作坊以及專業講座，致力於提高員工在清潔行業的專業水平。同時，我在葉媽媽打造了一個開放的晉升通道，讓每一位有潛力的員工都能夠找到適合自己發展的空間。這樣的投入不僅為員工提供了成長的機會，也讓公司在競爭激烈的市場中擁有更具競爭力的團隊。

當然，創業成功的路上我們也絕對堅持追求卓越。我們的清潔團隊被鼓勵在每一個細節追求卓越，從而提供給顧客高品質的服務。無論是清潔劑的選擇還是工作流程的優化，都需要精益求精，這是我們始終保持競爭力的祕訣。我也不斷強調必須要善用科技和創新。隨著科技的進步，我們積極導入智慧型清潔設備和系統，提高清潔效率，同時節省成本，這不僅使我們在市場上更具競爭力，也為員工提供了更舒適、智慧的工作環境。

這些就是我創業成功的心法，「以人為本」、「創造潛能」一直是我引領公司前進的指南。在這個傳統的行業中，我將繼續不斷追求突破，創造更多價值，為顧客提供更好的清潔服務，同時為員工打造更有發展空間的職業平台。這是一場全員共贏的旅程，也是我創業路上的使命。

2024 企業獲獎採訪畫面

純銅打造獎座，見證榮耀時刻

2.8 企業的社會責任

以成立協會為最終目標

以往，清潔工作通常被視為一種單純的體力勞動，不入流且缺乏專業性，任何人都能進入的低門檻行業類別。這種觀念使得清潔從業者難以獲得應有的社會尊重與報酬，也讓這一行的發展受到了一定程度的限制。但只要進一步了解就知道，清潔工作需要專業的器具、知識與技術。為了改變一般大眾的認知，葉媽媽期許自己成為領頭羊，帶頭開始積極採取措施，透過提升自身的專業水準，試圖為清潔產業贏得社會的認可。

我開始思考要如何提升我們這一行的專業水準。首先，我發現成立協會是必要的步驟。協會能夠在整個行業中發揮組織、規範和引導的作用，將行業內的從業者聚集在一起，共同制定統一的標準和價值觀，既具有公信力又能建立普世價值，成為業界指標。成立協會有很多好處，包含整合資源、提供相關資訊、進行職業培訓、取得政府補助等等，協助從業者取得一技之長。協會的存在不僅能夠促進行業內部的合作與交流，也可以藉由培訓、發放證照等來提升從業者在社會中的地位。

協會的成立勢在必行，但不是隨隨便便就能成立的，需要向政府提出申請，當然還有其他諸多考量，雖然目前還在籌備階段，但為了清潔產業能有新的發展，我們還是義不容辭，立志要在最短的時間內成立協會，給大家一個資源充足的就業環境。

成立協會的 7 個好處

協會可以理解成是同好會的進階版，兩者的差異在於有無法源依據。一群有共同興趣愛好的人組成的團體就叫同好會，而協會屬於「**社團法人**」的一種，依據《人民團體法》向政府機關提出立案申請。協會的申請又可以分為全國性和地區性這兩種，全國性質的協會要向「**內政部合作及人民團體司**」登記，而地區性質的協會則要向「**當地縣市政府社會局**」進行申請。

可能有人會問，如果只是要推動共同目標，組織同好會就好了，為何還要特地向政府申請這麼麻煩呢？那是因為成立協會有很多好處，以下整理了協會的 7 大優勢：

1. **具有公信力**：由於是政府核可認定的組織，比起私人組織更有公信力，在招募成員、募款、推廣項目上相對容易些。
2. **可申請法人格**：向法院申請法人登記，取得法人格之後，便可將組織共有的資產登入協會名下，減少登記在私人名下的風險，也能行使更多權力，還能捐款節稅。
3. **申請政府補助**：協會可以申請政府補助與企業贊助、參與政府標案或委託案等，相當便利。
4. **高透明度**：組織內的一切規章制度包含財會都明列於協會章程內，比起私人團體透明度更高。
5. **高運作性**：由於協會成員都有各自的職責要承擔，因此更能讓組織運作良好。
6. **提升影響力**：如果協會在外取得好口碑，內部幹部或總幹事的權威性與影響力都能跟著提升。
7. **捐款節稅**：無論有無法人登記，都要向國稅局申請稅籍登記，取得統一編號，有統編的發票可報帳外，給協會捐款的人或單位也能扣抵 10% ～ 20% 的所得稅。

為什麼我們要成立協會？

因為葉媽媽本身已有自己的培訓系統，專門教育員工和學員清潔方面的專業知識，卻因沒辦法給予這些接受培訓的人一張證明自己資格的專業證照而感到有些遺憾，現階段坊間也缺乏關於清潔專業方面的認證單位，所以，如果我們成立協會，就能施行檢定或測試，再按技術難度或專業程度區分等級，核發表彰個人資格的證明文件。

清潔專業有了證照，不僅能為履歷加分，還能證明自己受過專業的培訓與認證，比起沒有取得證照的人，是不是更能受到委託人的信任與青睞？協會也有資源整合的力量，屆時將能一邊接受委託一邊媒合有證照的人力，減少資源分配不均問題，提高就業機率。當然為了照顧弱勢群體，也會針對青少年與老年人進行輔導，協助就業、創業或穩定工作。

至於政府補助方面，政府為了提升企業競爭力，令勞動部提供「企業人力資源提升計畫」（又稱「大人提」），針對投保就業保險人數 51 人以上的企業，補助一部分訓練費用，補助金額約在 95 ～ 200 萬之間。申請「大人提」的公司需要通過 TTQS 企業機構版的評核，且結果為通過以上或辦訓能力檢核表為合格者。對於投保就業保險人數在 51 人以下的企業，只要通過 TTQS 企業機構版評核或辦訓能力檢核表為合格者，同樣可以申請。有興趣的人可以掃描右邊 QR code 或搜索「企業人力資源提升計畫」，進入官網取得更詳細的介紹和說明。

大人提連結

申請補助需要通過 TTQS 評核，TTQS 是勞動部勞動力發展署根據 ISO10015、英國 IIP 及我國訓練產業發展情形，所制訂的「訓練品質系統」（Taiwan TrainQuali System, TTQS），後來更名為「人才發展品質管理系統」（Talent Quality-management System, TTQS）。TTQS 評核對象主要分成事業機構與訓練單位，前者是針對事業機構內部員工所辦理的教育訓練課程，後者則是訓練機構針對外部目標客戶與學員間所開設的訓練課程，由於兩者的對象與目的不同，評核的重點也不相同，因此採用不同的評核版本：企業機構版與訓練機構版。

勞動部為了讓國內事業機構或訓練單位執行訓練工作之承辦人員及主管，有導入與應用 TTQS 的學習機會，特別辦理教育訓練服務，由各分區服務中心進行課程辦理與執行，使參訓人員了解 TTQS 並落實運用於所在單位，並提升人員相關職能。每年度教育訓練課程依各區學員的需求進行規劃，並由各分區服務中心辦理，場次規劃也會依參訓對象之單位屬性規劃辦理。

TTQS 教育訓練課程查詢頁面

TTQS 人才發展品質管理系統
TALENT QUALITY -MANAGEMENT SYSTEM
小 中 大
計畫說明 評核服務 輔導服務 教育訓練
:::首頁 > 教育訓練 > 課程資訊
最新消息 會員專區 聯絡我們 問卷調查 知識充電 資料下載 活動專區 課程資訊
課程資訊查詢
日期區間：2024 年 01 月 01 日~ 2024 年 12 月 31 日
課程名稱：--所有課程--
請選擇區別：全部區別
報名狀態：報名中
資料查詢

葉媽媽員工取得 TTQS 證書

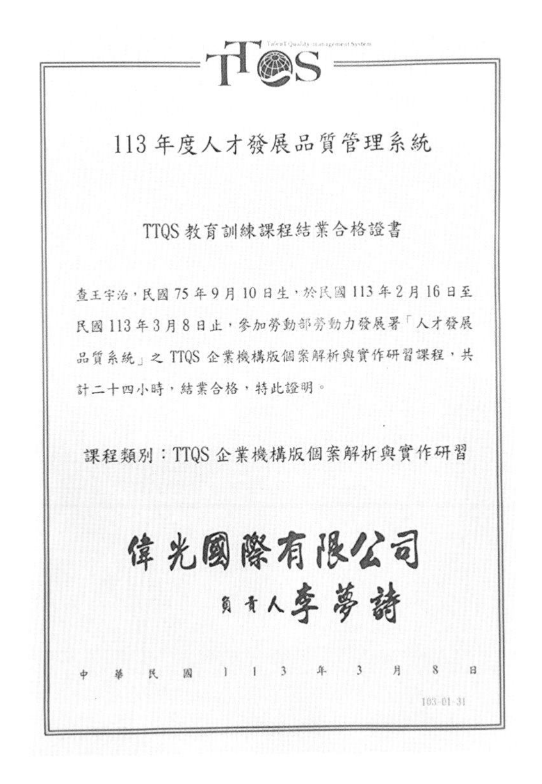

TTQS

113 年度人才發展品質管理系統

TTQS 教育訓練課程結業合格證書

查王宇治，民國 75 年 9 月 10 日生，於民國 113 年 2 月 16 日至民國 113 年 3 月 8 日止，參加勞動部勞動力發展署「人才發展品質系統」之 TTQS 企業機構版個案解析與實作研習課程，共計二十四小時，結業合格，特此證明。

課程類別：TTQS 企業機構版個案解析與實作研習

偉光國際有限公司
負責人 李夢詩

中 華 民 國 1 1 3 年 3 月 8 日

103-01-31

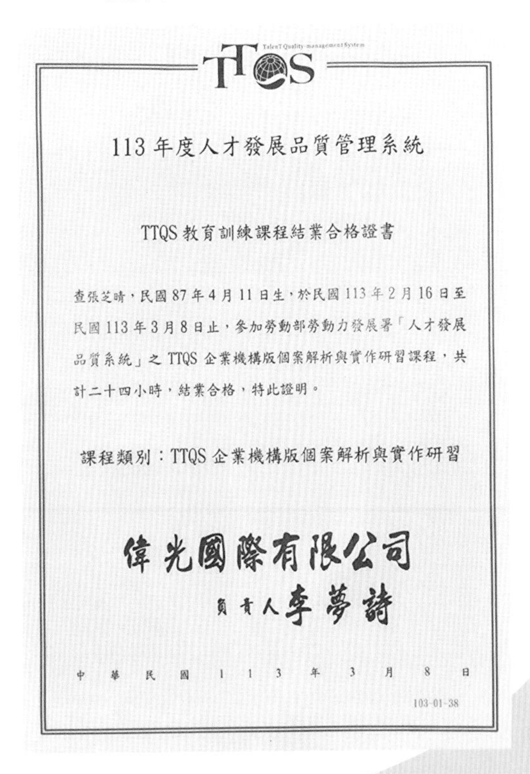

TTQS

113 年度人才發展品質管理系統

TTQS 教育訓練課程結業合格證書

查張芝晴，民國 87 年 4 月 11 日生，於民國 113 年 2 月 16 日至民國 113 年 3 月 8 日止，參加勞動部勞動力發展署「人才發展品質系統」之 TTQS 企業機構版個案解析與實作研習課程，共計二十四小時，結業合格，特此證明。

課程類別：TTQS 企業機構版個案解析與實作研習

偉光國際有限公司
負責人 李夢詩

中 華 民 國 1 1 3 年 3 月 8 日

103-01-38

TTQS 不僅可以用來評核並提升事業單位及訓練機構辦訓品質，創造訓練品質持續改善，提升人培體系運作效能，也常被作為職前或在職訓練辦訓體質的辨識工具，確保訓練流程的可靠性與正確性。如果我們以協會身分辦訓，一方面可以確保辦訓人力的品質，一方面也能向政府申請補助，補助款項也能回饋到學員或協會身上，可謂一舉數得！

致力實踐 ESG

身為一個企業家，秉持著「取之於社會用之於社會」的原則，或多或少都要對社會做出一份貢獻，也就是所謂的企業的社會責任（Corporate Social Responsibility，簡稱 CSR），它屬於一種道德或意識形態，並沒有強制性。比如鴻海企業創辦人郭台銘不僅是知名的實業家，也是一位慈善家，他以父母的名字創辦了「永齡教育慈善基金會」，不僅致力於支持研發並培育醫療方面的人才、投入急難者的救護與協助，也關懷弱勢及貧窮的家庭兒童與青少年的受教權等等，「能力越大責任越大」我認為這是一個企業家該具備的格局。

如果說企業的社會責任是一個較大的概念，那 ESG 則能為企業提供更具體的實踐方向，ESG 這三個字母分別代表 Enviromental（環境）、Social（社會參與）和 Governance（公司治理），是一個包含環境、社會和公司治理三個方面的綜合性概念。它強調企業在經營的過程中應該也要考慮到對環境、社會責任和公司治理的影響與責任，在追求經濟效益的同時也要落實企業對社會和環境的意識與義務，以達到永續發展的維度。

為什麼這麼看重 ESG ？《金融時報財經詞彙》這本專門解釋財經詞彙的字典就把 ESG 定義為吸引投資人眼光的一項指標。如果企業重視 ESG，對投資人來說，代表它的長期營運績效將更為穩健，所以作為近幾年來熱門的關鍵字跟施力重點，越來越多企業紛紛將 ESG 納入管控風險的營運考量。

世界各國與企業對 ESG 的承諾

2023 年 1 月，立法院三讀通過《氣候變遷因應法》，正式將「2050 淨零排放」目標納入法律，這標誌著台灣對國際承諾的確認。隨著歐盟《碳邊界調整機制》（CBAM）和美國《清潔競爭法案》（CCA）等減碳法案即將生效，台灣在 2030 年的減排計畫也上調至 24%，致力達成全球碳淨零的終極目標。

近幾年來，全球接連面臨來自極端氣候、新冠疫情、烏俄戰爭、能源危機到全球通膨的挑戰，如今，對永續發展的需求已從全民共識階段逐漸轉向為具體的規範。企業的 ESG 表現已成為監管機構和證券交易所評估的基本指標。這要求企業公開揭露內部經營決策，包括環境影響、社會責任、員工關係、供應鏈管理、公司治理結構和透明度，並撰寫永續報告書或 ESG 報告書，以對其營運負責。

從 2023 年開始，金管會強制要求資本額 20 億元以上的上市上櫃公司編製並申報永續報告書，完整揭露非財務方面的資訊，進一步強化公司治理 3.0 的監管範疇。資本額未達 20 億元的公司雖然不須強制撰寫永續報告書，但其 ESG 的表現也會影響到公司的經營管理層面，影響其合作夥伴、客戶和投資人的投資意願。優秀的 ESG 表現不僅對人類社會做出積極貢獻，還能在市場中贏得更多資本，同時避免監管機構的裁罰和聲譽風險。

隨著全球氣候越來越極端，科學家多次警告，全球氣候如果不加以控制，將會出現更多極端天氣事件和破紀錄的高溫，ESG 的落實刻不容緩。在 2023 年 4 月 22 日世界地球日這天，全球各地紛紛展開各種活動，從清理垃圾、淨灘到大型抗議，目的在呼籲國家更積極對抗氣候變遷。美國總統拜登在地球日的前一天簽署一項名為「環境正義」的行政命令，計畫在兩年內成立白宮環境正義辦公室（White House Office of Environmental Justice），用以落實聯邦到地方的縱向聯繫。

逐步落實 ESG 的三個訴求

2023 年時台灣已正式將 ESG 納入法規中，但對大多數的企業來說，仍然算是相對新穎的概念；ESG 的興起意味著企業經營的重要原則即將開始轉向，原本以獲利為導向的營運模式將轉變為對環境友好的永續經營理念。觀察到這個趨勢，我也開始策劃，思考如何才能讓葉媽媽成為一個示範，讓其他企業也願意跟進，一起讓產業生態更健康。

因此當歐盟開始領導全球做環保愛護地球的計畫時，我們葉媽媽居家清潔公司已經去進修 ESG 課程。為了響應環保愛地球這個目標，我們以研發符合天然有機清潔劑為起點，以身做則，既然我們身為清潔服務行業，就該清潔任何一切事物，讓我們的生活環境乾淨整潔無汙染。

我們所開發的清潔產品不僅清潔效果優秀，還符合環保標準，獲得 SGS 不含四大重金屬與好氣性生菌數的認證，也通過了國際生態認證中心 ECOCERT 的天然有機驗證。想要通過 ECOCERT 的有機驗證並不簡單，產品使用成分必須在全程無汙染且規範嚴格的方式下製造，不得由石化原料提煉，產品必須無毒且不傷環境，因此生產過程與對成分的把控更為嚴謹。

我們用最嚴格的標準來要求自身的產品，落實 ESG 對環境友善的訴求，希望減少地球負擔，這也是我們公司的社會責任。儘管產品還有進步的空間，但我們會持續改進，力求讓之後生產的每一支產品達到近乎完美的水準，同時確保符合 ESG 的原則。總的來說，在環境方面，我們追求的是減少對人體和環境的傷害。因此，我們致力於解決產品成分汙染、節約能源、提升作業品質等問題，這不僅僅是一種法規遵從，更是我們每個人對地球的責任。

在社會責任層面，在看完前面幾個章節後，相信大家已經對我們葉媽媽的經營理念有了些許概念，員工是公司重要的資產，所以我們努力創建積極且互助的工作環境、提供學習與成長的機制、保障員工權益、提供就業機會等，你問為什麼如此看重員工？因為員工獲得更專業的實力後，就能處理更多任務、賺取更多收入；對公司來說，成熟而專業的員工是很寶貴的戰力，不僅能獨立作業，讓委託人放心把任務交給他負責，還能替公司帶來更多獲利，就這個角度來看，你說，培育員工重不重要？

至於公司治理，我們也是非常重視，但對現階段的我們來說並不容易實現，因為葉媽媽目前只是一個小型企業，董監事只有我一人，所以包含管理方面的透明度、董事會的組成、股東權益等，還不到要考量的地步。所以我計畫成立清潔服務方面的協會，用協會的運作與影響力提升整個清潔產業的地位，屆時要整合各方資源，勢必須要更有組織性的人力與機制，因為協會是要向政府立案申請的，所以各方面的協作都要公開透明，方便成員互相督促，消除讓人不安的因素，大家方能團結一心，努力朝共同目標前進！

投身公益活動

在還未踏入社會之前，我就已經投入了公益活動，起初只是貢獻出自己一點小小的心力，比如我曾經幫助被霸凌的同學、扶老人家過馬路、幫助殘障人士購買愛心彩券、購買路邊兜售的愛心口香糖或玉蘭花等小事。我做這些事情的理由很簡單，因為我在成長的過程中，曾受到來自許多人的幫助，不論是實際行動上的幫助還是獎學金的支持，這些力量讓我能順利畢業、做自己想做的事情，我非常感恩自己這麼幸運，生命中有那麼多貴人相助，因此也想把這份力量傳遞給更多有需要的人，讓這些人對生命抱持希望。所以我從自身做起，希望我的拋磚引玉能帶動更多人去行動、去關懷那些需要幫助的人。

我相信大部分的人都是良善的，願意出手幫忙的，但礙於社交恐懼，不敢去攙扶老人家過馬路或主動開口讓座，其實做多了就能克服心理障礙了。試想一下，做好事不僅讓自己感到開心，同時也真正幫助到那些需要幫助的人，令社會充滿愛。

在正式加入眾躍獅子會之前，我便經常給獅子會捐錢，也就是那時候讓我體會到團結的力量是如此強大。令我印象深刻的一件事發生在我 20 幾歲的時候，當時有一家教養院需要一台交通車，需要 200 多萬元，我只能負擔 20 萬，最後四處奔走、透過眾人的努力好不容易籌措到購買交通車的費用。這也讓我更理解為何會有這些公益團體的存在。

成為獅子會一員

公益的力量是無窮的，每一份善舉都能點燃另一顆善良的心，形成連鎖反應，讓愛不斷傳遞。這使我對自己立下志向，要繼續用我的力量和影響力，努力推動更多人參與公益，讓這份溫暖與關懷繼續擴散，影響更多需要幫助的人，一起攜手，共同建設一個更美好的世界。

以葉媽媽清潔公司名義參與捐贈交通車行動

由於這個發願，我將葉媽媽在產業上的 ESG 實踐列為重點發展項目。近年來，企業社會責任（CSR）幾乎成為了企業的關注重點，涵蓋層面甚廣，不再只以獲利為導向，更乘載了人文、道德、社會、環境等議題的多重責任，這些責任的履行對於企業的可持續發展和社會的進步都至關重要。

企業社會責任不只是一個流行語，而是一個結合經濟、文化、教育和環境等多個層面的承諾；對我們來說，這更是一種日常的實踐，是我們一直努

力達成的目標。我們深深理解環境、社會和公司治理的重要性，因此，我們勢必要將這些原則融入我們的業務模式，使之成為我們努力的一部分。

深入校園向學弟妹徵才

參與獅子會寒冬送暖社會服務

積極參與公益，收獲滿滿感謝狀

社團法人國際獅子會300A3區
台灣總會臺北市第三支會
感謝狀
Certificate of Appointment
團結 服務・共創 經典
茲感謝 眾躍獅子會
葉芷蘭 獅友
大力支持本區 2022~2023 年度
『心中有愛 馳而不息』寒冬送暖社會服務
無私奉獻 關懷大眾 特頒此狀 以致謝忱
總監 陳寶玉
中華民國 112 年 2 月 12 日

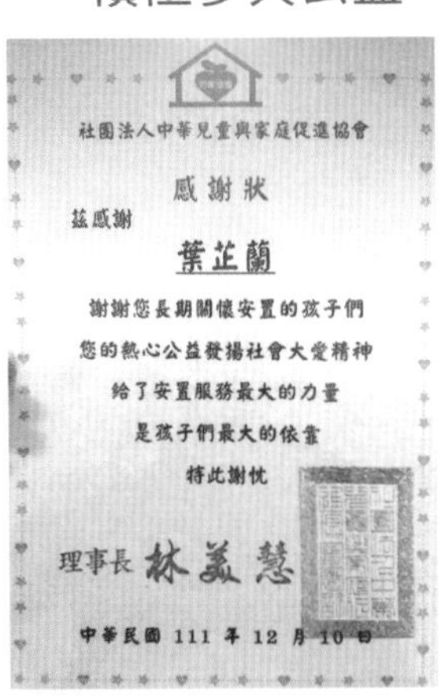

社團法人中華兒童與家庭促進協會
感謝狀
茲感謝
葉芷蘭
謝謝您長期關懷安置的孩子們
您的熱心公益發揚社會大愛精神
給了安置服務最大的力量
是孩子們最大的依靠
特此謝忱
理事長 林美慧
中華民國 111 年 12 月 10 日

社團法人國際獅子會300A3區
台灣總會臺北市第三支會
感謝狀
Certificate of Appointment
眾躍獅子會 葉芷蘭獅友
感謝您大力支持 本區 2021~2022 年度
寒冬送暖社會服務
無私奉獻 以愛傳承的精神令人敬佩
特頒此狀 以致謝忱
總監 辜榮杰
中華民國 一一一 年 二 月 廿六 日

奎輝國民小學
感謝狀
衷心感謝
國際獅子會 300A3 區
葉芷蘭 先生/女士
謝謝您！關懷本校，捐贈弱勢學生生活物資，此
桃園市復興區奎輝國民小學
18 日

國際獅子會基金會（LCIF）

國際獅子會（Lions Club International Found）是一個致

力於服務社區、推動慈善和改善人類生活的全球性組織。獅子會的歷史可以追溯到 1917 年，由芝加哥商人梅爾文 ‧ 瓊斯（Melvin Jones）所創立。如今，它已發展成為世界上最大的非政府志願服務組織之一，橫跨 200 多個國家和地區，擁有超過 1,300 萬名會員。

獅子會的使命在於提供全球性的服務，以滿足社區的各種需求。他們的服務項目涵蓋了眾多領域，包括健康、教育、環境保護、災害救援、殘障支持等。無論是舉辦醫療健康營、提供營養食品、興建學校還是參與環保活動，獅子會始終以改善社區和世界為己任。

獅子會在全球的定位不僅僅是一個慈善組織，更是一個凝聚力量、推動改變的平台。他們通過團結志願者和資源，發揮集體智慧和行動力，為解決當今社會面臨的各種挑戰作出積極貢獻。獅子會的使命與價值觀也體現了社會責任和人道主義的核心價值，彰顯了人性的美好和共同進步的信念。

此外，獅子會也是許多社區的代表和象徵。他們的服務精神和對人道主義的堅持，贏得了社會各界的尊重和支持。在災難和困難面前，獅子會總是第一時間伸出援手，給予無私的幫助和支持，成為了社區中的明亮光輝。

總的來說，國際獅子會不僅是一個致力於慈善服務的組織，更是一個具有全球影響力的社會力量。他們的使命和價值觀激勵著無數人投身於志願服務事業，為建設更美好的世界而不懈努力。

2.9 企業的成功心法

讓你成為現代珍貴的蛋黃酥

在 50、60 年代，送禮如果送得是蛋黃酥，收到的人會覺得沒有誠意，因為蛋黃酥是很廉價的禮盒，所以更多人喜歡較為稀有的方形小點心。隨著時間流轉，20 年過去，如今的蛋黃酥已從一顆 7、8 元飆升到每顆破百元的高貴點心。

這個世界上絕大多數的人都在從事簡單而機械化的工作。可悲的是，這樣日復一日的工作並無法為你累積出深度和高度。有些人或許可以活到 90 歲，卻可能活在做重複事務的日常中；相對地，有些人可能只活了短短 30 年，但生命卻充滿了精彩和趣味。你以為光靠時間就能夠累積專業和深度嗎？並不一定！蓋了很多房子的人就是建築師了嗎？並不盡然！烘焙了上千盒蛋糕的人就一定是專業的蛋糕師傅了嗎？也未必！做了上千筆生意的人，就真的能在那個行業屹立不倒了嗎？事實告訴我們失敗的人大有人在！所以，時間的流逝不一定能為你帶來高度和深度，它可以讓你變老，但未必能讓你變強大。時間讓你的臉上布滿皺紋，但你的腦海裡可能依然缺乏智慧；時間讓你的企業變老，但公司的成就未必會隨著時間呈正成長。你的企業甚至可能仍然像初創時期一樣，缺乏權威和競爭力。唯一能夠讓你掙脫時間的慣性達到正向成長的，是你的自發性、創新與對新事物的迅速接納。

那麼，該怎麼辦呢？不如跟著葉媽媽一起學習吧！跟著葉媽媽的腳步，讓你的成就隨著時間越來越大，我們會讓你把那些不起眼的技術變得更有價值，讓你成為現代珍貴的蛋黃酥。

葉媽媽以清潔產業的第一品牌為目標，率先打破傳統對清潔產業的刻板印象，努力營造健康、嶄新的創業環境，以企業社會責任、永續發展、專業的管理規章和創造共贏的理念等多個面向，不斷追求產業品質的進化與優化，過去對清潔業如傳統蛋黃酥的輕視將走入歷史，接下來的清潔產業將是人人爭搶的明日之星。

向成功企業家學習

成功是可以複製的！你可能會質疑這句話的正確性，但你再仔細思考一下，你會發現其中蘊含著深刻的道理。身處在競爭激烈的商業世界，我們總是追求成功的祕訣，但這並不代表我們必須孤軍奮戰，那些眾所周知的成功企業家的經歷就已經為我們提供了一個絕佳的數據資料。

成功的企業家大多有一個共通點，就是具備創新的精神，勇於冒險，不受傳統思維的枷鎖。因此，我平常就有閱讀成功企業家傳記的習慣，以此嘗試從他們的故事中學習，融合自己的想法，找出可以使企業更為卓越的方法。在這一節裡，我將分享幾個我覺得有趣的企業家故事，因為我覺得除了學會看財務報表這類的硬實力之外，企業家的領導「思維」也很重要。

胡雪巖的故事告訴我們，要懂得資產隔離，急流勇退

有句話是這麼說的：「為官必學曾國藩，經商必讀胡雪巖。」

胡雪巖是清朝末年的一位商人和政治家，他被譽為近代中國經商的傳奇人物。胡雪巖的成功與失敗，反映出他卓越的商業智慧，同時也揭示了他所遭遇的挑戰。白手起家的胡雪巖之所以能成功，在於他堅守四大原則，分別是講信用、貨真價實的物品、注重人才，以及把義看得比利還重要。

首先，胡雪巖是很講信用的人。他認為「信用」不僅是為人處事也是經

胡雪巖像

資料來源：維基百科

商之道的硬通貨，所以他雖是商人，卻也講究信用，這種心態讓他在交易中贏得了客戶的信任。此外，胡雪巖很注重商品品質，堅持產品都要使用真材實料，雖然這麼做會讓成本提高，導致虧本，但他認為，只要產品好別人就會自動幫你推廣，即便一開始沒辦法賺到錢，但只要堅持下去，好日子一定會到來。這種堅持讓他在競爭激烈的市場中脫穎而出，客戶願意選擇他的商品，這也是他能夠建立長期客戶關係的原因之一。

早在 19 世紀，胡雪巖就已經了解到人才的重要性，這要說到他看人的標準，他認為世界上其實並沒有絕對的壞人，沒有本事的人才會鋌而走險去做壞事，但有本事的人一定不會做壞事，所以他看人總是往好的方向去看，敢大膽啟用人才，因此培養了一批對他忠心的人才。

最後一點彰顯出胡雪巖的格局，商人逐利是天經地義的事，但也要取之有道才行，這裡說一個「雨天打傘」的故事，讓大家更了解胡雪巖的格局。故事的起因是這樣的，有一位經商失敗的商人來求助胡雪巖，為了救急，想請胡雪巖用低價收購他的產業，胡雪巖在了解整件事的來龍去脈後，決定以市價來收購，讓對方度過難關後再來向他贖回。底下員工不解，胡雪巖就說起以前的事，他以前還只是錢莊裡的夥計，需要經常外出催債，幾次外出下雨時幫路人打傘，久而久之，那條路上的人都認識他了，有幾次胡雪巖忘了帶傘，也會有人過來幫他打傘。

這個故事告訴我們，誰都有困難的時候，有時候你肯為別人付出，別人才願為你付出，就算得不到回報，也算對得起自己的良心。後來，那個商人真的回來贖回他的產業，胡雪巖也因此多了一名忠實的合作夥伴。

胡雪巖的義舉被傳了開來，官府百姓都對胡雪巖尊敬不已，不論他經營哪項行業，總會有人幫忙，也有數不清的客戶來捧場，讓胡雪巖的商業帝國

越來越壯大。這時候的胡雪巖不僅僅是一位商人，更是一位有社會良知的企業家。他強調義字當頭，意味著他注重企業的社會責任，這樣的理念讓他在商業經營中能夠兼顧道義與利益，贏得了更廣泛的社會認同。

胡雪巖做生意講究誠信、樂善好施，也幫助過許多困苦的人，被當地人奉為「首善」，朝廷也因此特封他為「布政使銜」的三品官階，賜穿黃馬褂，戴著俗稱「紅頂子」的二品頂戴（用來區分官吏品級的帽飾），因此又被稱為「紅頂商人」，這在清朝是極少見的案例。然而，手握財富和權勢的他卻在晚年迷失了自己，不僅斥巨資興建豪園，姬妾成群，縱情聲色，每日過得極盡驕奢淫逸，揮金如土，這樣的生活讓他為自己埋下了禍根。

光緒十年（1884 年），這位權傾一時、富可敵國的一代巨賈由於投資生意失敗，宣布破產還負債累累，只好遣散底下的姬妾與僕人。次年，他在淒涼中鬱鬱而終，終年 62 歲。胡雪巖死後沒多久，杭州知府奉命前去抄家查封，一查才發現「無產可封」，有道是「富不過三代」，然而胡雪巖卻連一代都還沒到頭就已經結束了，著實令人唏噓。

很多人在研究成功人士的案例時，往往只注意到他們成功的過程，卻沒有看到故事結尾，然而結局也很重要，因為我們所做的一切不都是為了美好的未來嗎？胡雪巖投資 500 萬兩銀囤積生絲，卻因霸道的壟斷市場作法惹怒洋商，導致生絲銷量慘淡，這是第一個失誤；由於李鴻章故意拖延給胡雪巖的餉款，導致自己現金不足，這是第二個失誤；接連發生的意外打得胡雪巖措手不及，只能向自己的錢莊借調周轉，結果引發大規模的擠兌風潮，導致經營的錢莊陸續倒閉，這是第三個失誤。如果胡雪巖能及早開始資產規劃、分散投資等準備，為自己做好兩手準備，便不會落得破產的下場。

很多人都看到胡雪巖的成功，但他的失敗卻很少人挖掘與反思，當我們達到一定的成就時，如果懂得急流勇退的道理，一方面不讓自己樹敵，一方面維持現有的財產與幸福，好好經營規劃，縱享人生又有何難？

投資眼光精準：金可國際再發揚寶島眼鏡

蔡董演講上課畫面

2001 年寶島眼鏡陷入財務危機時，金可國際的蔡國洲董事長原本只是寶島眼鏡的供應商，然而，當時寶島眼鏡的大股東懇求他幫忙，希望他買下讓品牌繼續存活，這成為他踏足通路業的契機。為了拯救寶島眼鏡，蔡董毅然答應投入 2 億多的資金，如果此舉失敗，意味著之前在寶島眼鏡的盈利將化為烏有，所以一開始曾遭到家人的反對。蔡董答應接手後，就到全省近百家門市聽取基層員工的心聲，在歷經十年的改革後，最終成功帶領寶島眼鏡走出困境，由虧轉盈，如今股價來到了 83 元左右。

蔡董在一場演講課上分享了這段經歷，讓我得到了一些啟發。他細微的觀察與過人的膽識讓人佩服。當時有許多外商對收購寶島眼鏡一事感興趣，但在考察之後卻都離開了，唯有蔡董真正進入公司，深入了解內部員工的心聲、企業經營的瓶頸以及負債的來源。他非常用心地尋找公司經營困難的線索，希望從根源解決營運上的困境，要做成這件事並不容易，只能用心去觀察與感受，才能真正評估出一間公司的價值所在。

金可國際成功的主要關鍵就在於掌握了通路，掌握通路就是王道。金可國際在大陸已經深耕了 20 年，是當地人非常熟悉的品牌，如今旗下除了台灣寶島和小林眼鏡等品牌外，海昌隱形眼鏡更是中國第一大品牌，目前在大陸的一、二線城市就有 1,400 家據點，在三、五線城市則有近 6 萬家的眼鏡行通路，可以說是兩岸三地眼鏡市場的第一把交椅。2013 年時蔡國洲還被富比士評為台灣前 50 大富豪，身價上看 250 億元。和眼鏡結下不解之緣的蔡國洲，在台中的總部成立一個眼鏡博物館，向大眾展示骨董眼鏡的工藝之美。就是這樣的底蘊使得金可國際在競爭激烈的市場中脫穎而出，再次展現了蔡董投資眼光的精準。

實現財務自由的神奇密碼——ESBI

世界上可以概分成四種人，領薪水的工薪族、自己開店當老闆、企業家以及投資者。然而，大多數的人屬於第一類範疇，自己既沒有金錢也沒有時間，終其一生都難以財富自由，投資者和企業家就懂得利用錢來賺錢，讓自己既有時間又有金錢，達到財務自由的境界。這就是著名的 ESBI 財富四象限理論。

ESBI 是美國理財專家暨作家的羅伯特 ・ 清崎在他的著作《富爸爸，窮爸爸》中提出的一種理財觀念，這個理論將我們人分為員工（Employee）、自僱者（Self-Employed）、企業主（Business Owner）和投資者（Investor）這四等人。羅伯特 ・ 清崎認為，「資產」是把錢放進你的口袋，而把錢從你口袋拿走的叫「負債」，資產和負債不同的流向，會造成不同的財富結果。窮人透過工作來獲取收入，然後把掙來的錢花出去，沒有任何資產可言；中產階級透過工作獲取收入後，把錢拿去買他們認為的「資產」，然後為了償還負債而花光積蓄，同樣沒有資產可言；富人則不同，他們會把錢拿去買「資產」來賺取收入，再把收入拿去買「資產」，不斷循環往復，藉此累積大量財富，實現不用工作也能獲得源源不絕收入的財務自由狀態。

ESBI 財富四象限

ESBI 財富四象現有兩個重要的觀點，一個就是資產和負債，另一個就是主動收入與被動收入。從這四種身分中可以看出，E 象限和 S 象限都是屬於主動收入這一塊，因為這些人需要工作才有收入，沒有工作就沒有任何收入；而 B 象限和 I 象限則被歸屬於能利用資產創造被動收入的人群，他們不用工作也不會有經濟方面的困擾，這也是大多數人夢寐以求的生活狀態。但要怎麼做才能進入 B、I 象限、實現財務自由呢？

很多人終其一生都以僱佣關係在為他人工作，這種用時間換取金錢的工作模式，不僅效率低結果還不理想，獲得的收入只能糊口，人生一大半的時間還受到牽制，不能過自己想過的生活，一點都不快樂。高階一點的自僱者，雖然自己開業當老闆，不用聽令行事、看人臉色，在工作上有極高的自主權，但一旦他們停止工作了，唯一的收入也將斷了。要想從主動收入進化成被動收入，你就要往 B、I 象限靠攏，不是創業成為企業家，就是投資成為投資者，這樣才能實現真正的財務自由。

ESBI 財富四象限

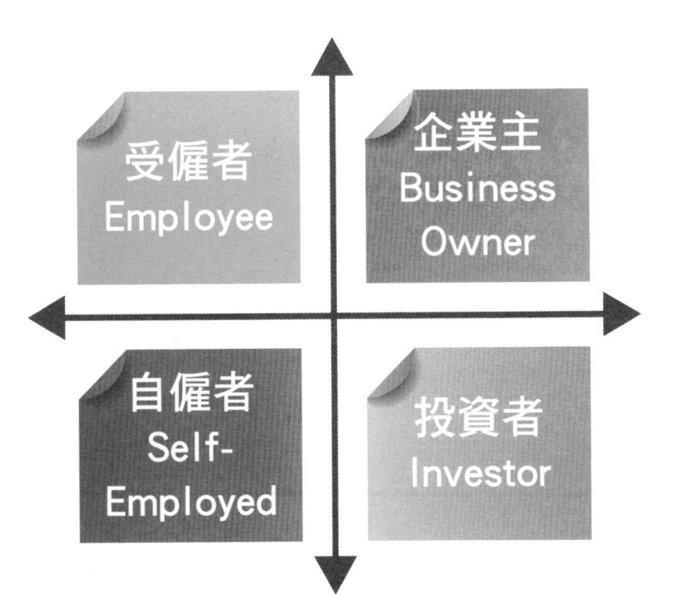

主動收入：E、S 象限
被動收入：B、I 象限

ESBI 四象限介紹

Employee 受僱者	以工資或薪水為主要的收入來源，受僱於他人，透過工作換取穩定的薪資，是追求安全、穩定、不敢輕易冒險的一群人，因此較無資產和投資方面的收入。
Self-Employed 自僱者	為自己工作的一群人，比如開店老闆、自由從業者、專業技能者以及小型企業主。他們能從自己的事業中獲取收入，雖然本身就是老闆，但跟受僱者一樣，開業或工作是唯一的收入來源。
Business Owner 企業主	擁有一間運作良好的企業，以別人的時間（Other People's Time）與別人的金錢（Other People's Money）來為他們工作與賺錢，本身擅於接受挑戰與變化，主要的收入來源是企業的收益。
Investor 投資者	以投資作為主要手段，利用賺到的錢再投資產生更多的錢，也就是「用金錢為你工作」的人。

杜絕蘑菇式管理，提煉你的第一桶金

如果此時你有抱負，不想再做受僱者，渴望成為「企業家」，那麼加入葉媽媽微創業方案或許正是你人生的突破口。葉媽媽將化身引路人，引領你從 E 象限出發，從中層跨足高層，一步一腳印地吸收所有的營運養分，讓自己成為會賺錢的萬能機器。

管理學中有一個概念叫「蘑菇管理定律」（Mushroom Management），是一種組織對待新進人員的管理心態，就是將新人置於角落，不去關注或給予工作方面的指導，只讓他處理一些不重要的工作，任憑新人自生自滅，就像蘑菇在陰暗潮溼的地方獨自生長的情況，可悲的是，大多數的職場環境都是如此。

蘑菇管理定律形象地描述了一種不良的組織管理形態，意味著一種缺乏透明度、溝通不足以及參與度低的管理風格。這樣的情況可能伴隨著批評、指責，甚至幫人背鍋的罪名，這種職場就像蘑菇生長的環境那般陰暗潮溼，

缺乏陽光與溫暖。

蘑菇管理制度下，領導者通常不會主動分享公司的發展計劃、決策過程和重要資訊，使得員工對組織運作缺乏明確認知。這樣的不透明性可能導致員工對於組織目標和方向的困惑，甚至產生不信任的情緒。

在蘑菇管理環境中，信息流被限制，決策過程常常是封閉的，而不是公開透明的。這樣的管理方式削弱了員工的參與感和歸屬感，因為無法理解組織的運作和目標，所以無法對自己的工作與公司產生更深的共鳴。

在這種管理風格下，成功往往屬於那些聰明或反應很快的人，然而會選擇從事清潔業的人，一般都是一些經驗不足、能力有限、學歷較低、扮演多重身分的照顧者等社會上的弱勢者，比如初出社會的年輕人、單親父母、全職的家庭主婦、年長者或是身殘者。如果將這些人和其他人一同放到蘑菇管理下的職場，普通人可能不會更優秀，但弱勢者會更加淒慘。原本是一個包容各種背景人士的行業，不再是溫暖的避風港，反而是落井下石、雪上加霜的推手，讓人情何以堪？

我認為一個真正有體制的公司不應該讓員工如蘑菇一般漫無目的的生長。公司應該提供磨練和教育的機會，讓基層員工得到應有的指導和支持，在成長的過程中發展出更多的可能性，而非一開始就把他們拒於所有信息之外。我希望，年輕人可以在這個行業中找到一個踏實的開始，獲得實用的職場技能和正確的價值觀。有家庭的人可以在這個工作中同時兼顧工作和家庭，得到穩定的經濟來源。年長者或是身殘者也可以在這裡找到自信與自我實現的成就感。

葉媽媽奉行「永無止境學習教育」，只要你願意加入我們的微創業行列，你將能逐漸具備挖掘財富的本領，這不只是一段挑戰，更是一場為自己打拼的旅程。葉媽媽將提供寶貴的指導，讓你能夠在這個商海上挖掘出金礦，賺到自己的第一桶金！

2.10 踏出你的第一步，開啟嶄新人生

在這個瞬息萬變的時代，越來越多人開始反思人生，追求一種更有意義的生活，我希望清潔產業也能成為你們的首選之一。作為一位這條路上的前輩，我想分享一些我的創業經驗和領悟，希望能幫助大家在創業之路上走得更穩健、更長遠。在這一章節中，我將以各種不同的面向來介紹做一個創業者需要擁有的能力和心性，期望這將成為一個有益的交流開端。

現代小老闆們的困擾

沒有人不想當老闆，因為當老闆看起很風光，底下的員工都得聽命行事，但真正當過老闆的人都知道，其實老闆並不好當，許多人都是當了老闆之後才知道當老闆的辛酸與無奈。這裡有些老闆會碰到的問題，如果你是老闆，遇到這些問題你會怎麼處理？

我是這一行的專家，但我始終當不好老闆，為什麼？

我底下有 3、5 個員工，但他們情緒起伏大，每天都要看心情好壞再決定要不要來上班。怎麼辦？

員工跳過公司的安排私下接案，該怎麼辦？

員工對客人發脾氣，造成客訴，怎麼辦？

員工沒做好工作還找藉口，客人負評不斷，影響公司口碑，還有救嗎？

擔心留不住人，開給員工的薪水高於行情，長久下去會不會出問題？

……

很多人學到技術後出去自立門戶當老闆，但每個月領的還是員工一般的薪資，還抱怨員工不聽話，這是為什麼呢？那是因為他們只學到技術，沒有上過如何管理一家企業，不了解哪個部門需要什樣的員工、這個員工適合哪個位置才能給你最大化的協助等等。我們葉媽媽不只教你技術，還教你如何當一個輕鬆的老闆，小事員工處理，大事才由老闆出馬，再也不會遇到上面這些問題！

做老闆該做的事

老闆最重要的能力就是決策的能力。這是我身為過來人的切身感悟！當一個企業的老闆，顧名思義就是要管理整間公司，但企業管理是一門需要花時間研究的學問，除了理論的建立，實踐也是必不可少的步驟，究竟要怎麼做才能讓企業運作良好，開始賺錢，這是每一個準老闆或準企業家都要面臨的問題！

展開細說倒也不必這麼麻煩，畢竟我也還在學習中，這裡我就舉幾個概念，讓大家直接 get 到管理的精髓。基本上，一間公司依職務可以劃分為三個層級，分別是基層階級、中層階級與高層階級，基層對應的是員工、中層對應的是主管或幹部，高層對應的是領導者或老闆，這樣解構之後就能理解各個層級所需要的能力都不一樣。在基層，會做事的能力是很重要的，基層員工就像一個人的手腳，需要迅速有效地執行大腦傳達下來的指令，維持人體的協調與運作。中層的主管或幹部就像一個中樞神經，是協調大腦與四肢之間的橋樑，需要能夠有效地組織和動員團隊，確保各部門協同合作，以實現組織的整體目標。老闆或領導者則是公司的大腦，居於最高處，要有洞悉市場脈動、制

企業金字塔

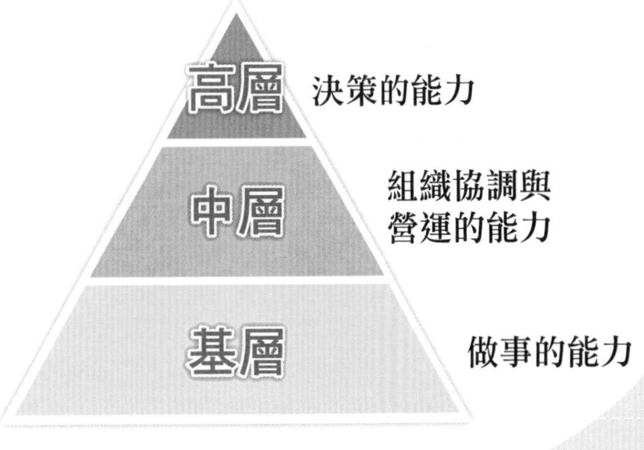

定符合公司長遠發展策略的能力，大腦需要的是謀略與布局，所以決策是身為老闆最重要的能力！

組織的分布就像一個金字塔，基層要處理的事務最多，所以員工人數也最多，其次是中層的幹部，負責團隊或部門之間的協作。越往上，職位越高管的事越少但越精緻！

老闆平時只做三件事

老闆要做的事

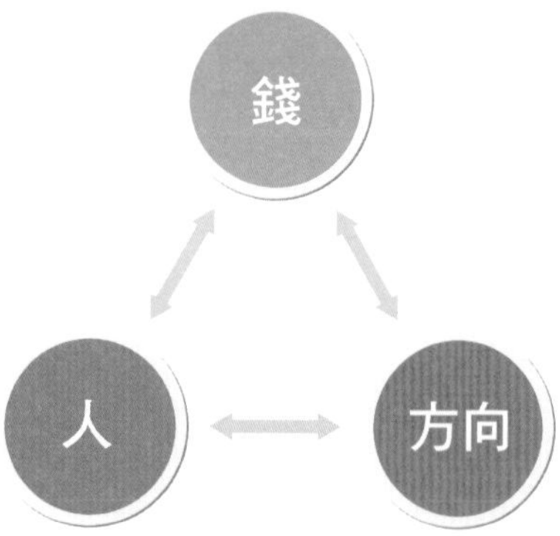

錢

人

方向

老闆平時要做的事，就是對「錢、人、方向」這三件事做決策，也是企業管理最主要的核心要素，老闆的智慧就展現在這三件事的決策上。

「找錢」，也就是找資金或融資，可以說是確保公司順利運作的首要條件。找錢真的很重要，除了成立企業之初的啟動資金外，為了因應企業發展、應對緊急事件或策略轉型等情況都需要用到資金，所以能否及時籌備到所需資金，也考驗老闆的智慧，所以我們看到或聽到企業家經常聚在一起打高爾夫或聚餐等等，其實他們都是在透過社交累積人脈和關係。

「找人」，具體來說，就是識人、知人、選人、組人、育人、用人、勵人、留人與放人。企業主們需要具備知人善任的能力，找到人才進行培育，或是知道該把人放在哪一個位置上，組建一支高效率的團隊為他工作，為此良好的獎勵制度與建全的升遷管道是留下人才的必要條件。當然，對於不適任的人也要有放人的智慧。

「找方向」，其實就是布局，考驗企業主觀察市場變化與行業趨勢後做出發展戰略的能力，判斷公司是否需要進入轉型或變革，時刻與世界經濟脈動同軌，才能及早規劃出公司發展藍圖。

總結一下，企業主要有大智慧，才能引領企業走向成功的基石，但要走上成功，企業主決策的關鍵脫離不了「人、錢、方向」這三件事，因為企業主要有縱觀全局的器度，應該把心力用在影響企業發展的決策上，而不是所有小事都要攬著由自己決定，所以一套完整成熟的制度能讓每個員工各司其職，一旦上了軌道，公司就能自動運行，企業主也不需要天天到公司報到。人才也是企業重要資產，所以建置合理的分紅機制，不僅能穩定員工表現，還能有效調動員工的積極性和創造力。同時，對於留才、優化和淘汰機制等人才管理策略的明智選擇，更是確保團隊強大而高效運轉的關鍵。

老闆要有的 5 個智慧

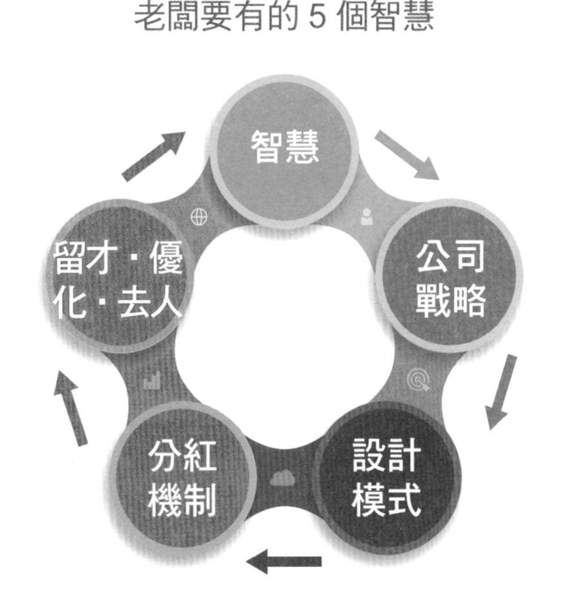

制度管人，流程管事

要讓一間企業運作起來，制度和流程的設計是不可或缺的一環。管理學中有一句名言是這麼說的：「制度管人，流程管事」，這也是現代管理的精髓。制度的建立，組織能夠建立一套公正的標準，確保每個成員在組織內都能獲得公平對待，並明確了解自己的職責。這種制度性的管理方式有助於提高組織的透明度，減少不確定性，同時建立起成員之間的信任和合作。

流程跟制度不同，流程是做事的先後順序，是員工做事的依循，也就是說，流程是制度中可以做的事情的延展和細化，是制度的必要補充。有了可依循的流程，不僅能夠幫助企業降低管理成本，減少錯誤的發生，還能提高團隊的工作效率。由於流程是科學的、合理的、經過驗證是可行的，即便是一個普通職員，只要按照流程，都能順利完成交辦工作，這就是流程的好處。

想要有一套完善的公司制度，最好能結合以下這五種表格：

一、組織架構表

組織架構表是一種視覺化的工具，用於呈現一個組織的結構和層級關係，顯示組織中不同部門、職能和層級之間的關聯性。在組織架構表中，頂層通常是最高領導層，如董事會或首席執行官。由上往下層級會遞減地展示組織中不同的部門、分支或單位，每個單位都有特定的責任和功能。這有助於明確定義組織內部的權責結構，確保每個成員都了解自己在整個體系結構中所扮演的角色。

組織架構表也可以包含人員信息，如各層級的主管和下屬，這有助於了解組織中不同成員之間的溝通和協作關係。此外，組織架構表還能反映出不同職能單位之間的協同作用，促進跨部門合作，提高整體效能。

二、工作分析表

工作分析表是組織中人力資源管理的一個重要工具，用於深入了解特定工作的各個層面，包括工作的職責和任務、所需的技能和資格、工作的環境和條件，以及與其他部門的相互作用，提供管理階層對該職務的全方面認識。

三、薪酬激勵表

薪資激勵表是組織用來制定和管理員工薪資的工具，旨在激勵員工的工作表現。這種表格通常包含薪資結構、福利和獎金等信息，以提供對員工報酬體系的全面了解。在薪資激勵表中，首先明確列出了不同職位的基本薪資，這反映了組織對不同職級的價值和貢獻的認識。此外，表格可能包含了附加津貼、福利和其他額外的報酬元素，這些元素有助於提高員工的整體收入水平。

根據企業屬性，薪資激勵表也會有績效獎金的信息，根據員工的工作表現和達成的目標，給予額外的獎勵，有助於激發員工的動力，使其努力工作以實現個人和組織的目標。

四、晉升通道表

晉升通道表是一種組織管理工具，用於明確標示員工在組織中實現職業晉升的可行路徑和條件。這種表格有助於提供清晰的指導，使員工能夠理解並追求他們在組織中的職業發展目標。

在晉升通道表中，通常會包含不同職位的級別和相應的職責，以及每個級別的晉升要求和標準。這樣的結構有助於員工了解他們目前的職業階段，以及實現下一階段晉升所需的技能和經驗。

晉升表中可能也包含有關評估和績效標準的信息，這有助於確保員工在晉升過程中的表現和成就得到公正、客觀的評價。

這樣的表格不僅為員工提供了清晰的晉升路徑，還可以幫助組織確保晉升流程的透明度和公正性。同時，這也有助於組織保留和激勵優秀的人才，提高員工對組織的忠誠度。總體而言，晉升通道表是組織中一個重要的人才管理工具，有助於促進組織和員工的共同發展。

五、培訓計畫表

培訓計畫表是組織中用於計畫、實施和追蹤培訓活動的工具，為組織提供了一個結構化的方式，以確保培訓活動對於提升員工技能、知識和能力是有系統且有效的。

培訓計畫表會有明確的培訓目標和目的，確保每個培訓活動都與組織的整體戰略和業務需求一致。培訓結束後，也會給受訓人員進行各項評估和追蹤培訓效果，以確保培訓活動達到預期的目標，並提供反饋以便未來改進。

總的來說，培訓計畫表是組織中一個關鍵的管理工具，有助於組織確保培訓活動的有效性、效率和成果。

制度和流程的結合有助於建立一個穩固的組織體系，能夠應對變化並確保整個組織的運作流暢。這種管理方式不僅提供了組織內部成員的清晰指導，也為外部利益相關者提供了對組織運作的透明度。總的來說，透過「制度管人，流程管事」的理念，組織能夠建立強大的基礎，實現人力資源和業務運營的協調，從而推動組織朝著共同的目標邁進。

心態是最好的風水

除了學習如何管理一家公司之外，我也要以過來人的身分跟大家分享一件事，保持一個好的心態同樣很重要。如果別人的一句話就讓你心情受到影響，甚至嚴重到吃不下飯或睡不著覺，通常就是因為你太在意別人眼光的緣故，那些能夠傷害你的，往往也是因為你無法釋懷、放下的關係。這是一種情感的纏繞，隨著時間積壓，形成了心靈的包袱。如果能夠用平和的心對待這些紛擾，則無人能夠擾亂你的心境。你內心的狀態是最好的風水，而你的品格決定了最好的運氣。

請牢記，學會平和對待外界的評論，學會釋懷過去的糾結，這將使你內在更加強大，也能帶來更好的運勢。自我成長和積極心態，將成為你通向成功和幸福的關鍵。

風水好，小魚才能變大魚

幫你找回戰勝恐懼的信心

很多人學了兩三下技術功夫，就急著想創業當老闆，結果往往以失敗收場，據統計，新創公司的存活週期大約在一至兩年，其中半年都是苟延殘喘。為什麼會這樣呢？因為很簡單，因為還有很多事情還沒學會就去創業，或是天真地以為創業很簡單，別人的成功自己也可以複製，或是輕易相信不該相信的人說的話等等，造成創業以來的每一天都過得相當恐懼。

恐懼乃貪婪之惡魔，會在我們內心不斷發芽膨脹。一旦被恐懼浸染，它將蔓延你全身，使你立刻淪陷於它的掌控之下，讓你對每件事情和每個人都心生畏懼。只有當恐懼被完全排除，你的太陽才能重新閃耀，陰霾方能消散，你才能找回力量、活力和生命的源頭，重新尋覓消失已久的快樂。

恐懼之所以存在，是因為你感受到自身的脆弱，對自己缺乏信心。只有當你覺醒並認知到自己真正擁有無窮力量，當你透過實踐證明以思想的力量戰勝任何不利因素，並深刻體會這份力量時，你便無需再害怕。因為你清楚，你比恐懼更為堅強有力。那要去哪裡得到這份戰勝恐懼的信心呢？請來葉媽媽上課，找回你的自信心，從心再出發。

源清流清，因果關係

成功不是那麼容易獲得的，生活也不偏愛任何人。一切事件的發生都有其明確的原因，當看到他人的成就時，也要想想他們為之付出的汗水和辛勞。當你如願取得勝利時，你也要明白自己為何能夠成功。

原因和結果是密不可分的，它們永遠相伴。有什麼樣的原因就會產生什麼樣的結果。不了解事件因果關係的人往往會被自己的感受和情緒牽著鼻子走，從而做出錯誤的判斷。犯錯的人從不去分析原因，只是一味地抱怨。有些人偶然成功了就顧著慶祝而不去總結經驗，失敗了就埋怨別人搶走了他們的好運氣，這些人從來不去全面地考慮問題，他們不懂得現在一切的結果都是由於過去某個特定的原因所造成的，反而用許多藉口和理由來安慰自己。他們能想到的是用逃避的方式，在自身周遭構築起一道自以為完美的防禦之牆。

學會正確地思考問題，牢記「凡有果，必有因」的道理，學會根據精確的事實制定計畫。你在任何情況下都能透過把握事件的原因來控制局面。即便初期經商虧本了，也不會抱怨運氣不好，而是去復盤失敗的原因並努力修正，如此一來，生意將就很快轉虧為盈，即便只是一個白手起家、默默無聞的人，使用正確的學習模式，將來必定有一番作為。

知其然，亦知其所以然，只要你能透過問題的現象看本質，並做好自己應該做到的事，就能輕鬆自由地跟隨智慧的腳步，收獲到來自這個社會真情無私的回饋，無論是榮耀還是讚美，都會為你帶來極大的愉悅。

時機就是讓你在對的時間點做對的事

只有在適切的時機採取恰當的行動，方能獲得成功。否則，我們可能必須付出額外的代價，這即所謂的「時機之道」。

在這個競爭激烈的時代，機會往往如流星般匆匆而過，可能一生僅有一次。因此，我們需要具備細心觀察的能力，隨時保持準備行動的態度，不容忽視每一個可能帶來轉機的瞬間。這種時機的敏感性是卓越領袖和成功人士的共同特質，他們懂得如何把握每一個機會，讓時機成為他們事業成功的關鍵因素。

一個人對時機的敏感性並非來自於運氣，而是建立在對環境的細緻觀察和對趨勢的敏銳洞察之上。通過不斷學習、了解市場、掌握產業動態，讓自己能夠更準確地預測未來的發展方向，找出埋藏在變化中的機會。這種洞悉力和敏感性使人能夠提前感知時機，作出及時而正確的反應。

把握時機講求果斷。當機會來臨時，猶豫不決只會讓你錯失良機。成功人士都是性格果決之人，所以他們能夠在關鍵時刻迅速做出決策，抓住成功的瞬間，尤其在現在訊息萬變的時代，時機往往是卡位的前哨站，當你卡位成功的時候，你就是這個全新領域的領頭羊。所以把握時機真的很重要，我們需要在平時積累決策經驗，使自己在壓力下依然能夠冷靜應對，迅速做出正確的判斷。

經歷過成功的人士往往能夠回顧自己事業的起點，找到當初抓住時機的契機。他們或許是在市場變革之際成功轉型，或是在競爭中找到了差異化的競爭優勢。這一切都是因為他們掌握時機之道，能夠敏銳地洞察到時機的來臨，並在關鍵時刻做出正確而果斷的行動。英國首相邱吉爾就曾說過，每個人的一生中都會有那麼特別的一刻，在這一刻他將破繭而出。這可能是一個突破點，一個轉折處，需要我們勇敢面對，挑戰自己，並採取行動。這樣的時刻可能是我們的轉職機會、人生抉擇或是重大的決策。只有在這些關鍵時刻做出行動，我們才能展現出真正的自己，實現個人和事業的成功。

把握機會點的四個象限

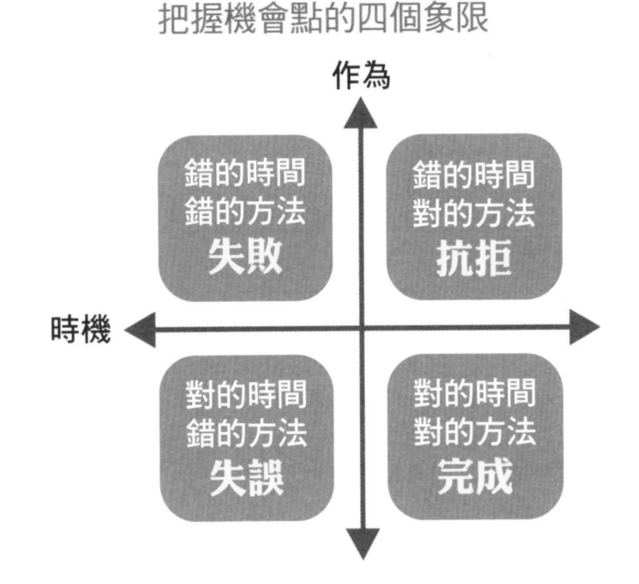

成功掌握時機點有兩大關鍵，就是方法與時機。當我們在錯誤的時間使用錯誤的方法時，就可能導致失敗，因為我們誤判了形勢，也沒有做好功課便貿然進場，結果當然會以失敗告終。如若我們在對的時間點但使用了錯誤的方法或策略時，也可能發生失誤。比如選擇了不適當的營銷策略，即便景氣大好也可能吸引不到客人。如果是在錯誤的時間點，即便方法再正確都可能會遭遇到市場排斥，可能當時環境尚不夠成熟，導致方法難以發揮出原本的效果。這就如同在錯誤的時機投放優秀的產品，因當下市場對新產品的陌生而產生距離。

想要成功，唯有在正確的時間點用正確的方法才行得通。時機之道是一種智慧，需要我們具備良好的觀察力、判斷力和勇氣。透過正確的時機之道，我們才能夠更好地應對變化，迎接挑戰，取得更大的成就。

現在就與葉媽媽連結，展開你的新旅程！

與葉媽媽居家清潔公司建立連結的時機就是現在！我們歡迎各行各業的朋友來和我們合作，只要你願意融入我們的文化，你將發現令人驚嘆的宇宙能量體驗。

這份工作不僅是一份職業，更是一段尋找自我認同和成就感的旅程，你將獲得實質和非物質的回報，並重獲自信、斬獲精彩的人生舞台。這是一個重新建立他人信賴並展現自我價值的機會，在這裡你的工作時刻表可以彈性安排，讓你擁有工作和家庭兩者兼顧的完美體驗。

你的專業技術和萬能雙手將為工作增添色彩，讓你能夠輕鬆應對各種挑戰，與合作夥伴共同成長。在這個溫馨的工作環境中，你將與同事相處融洽，共同營造踏實樂觀的氛圍，用歡樂傳播正能量，勇於探索人生的未來。

我們的主管是專業且愛惜緣分的人，善於規劃，會給你帶來真摯幸福的情感交流。在這純樸的工作環境中，你不僅能夠獲得專業技術的提升，更能感受到真摯的關懷，使你的身體保持健康，生活充滿精彩。我們期待你勇敢迎接各種挑戰，擁抱財富自由的人生，成為全家情感加溫的祕密武器，開啟幸福未來的新征途。

專業清潔
屋簷下的清潔職人

創新／態度／原則

First Pot of Gold
in Yemama Clean

3.1 葉媽媽的清潔世界

認識居家清潔產業

據統計，台灣每年居家清潔服務產業市場有數十億的規模，許多縣市每年的需求也有 20 ～ 30% 的驚人成長，是一個前景看好的高需求市場，但這也代表被這塊大餅吸引而來的競爭者也越來越多，即便是一個人，只要拿起電話就可以接案。隨著雙薪家庭越來越多，除了忙於工作還得照顧一家老小，根本沒時間和精力處理家務，因而使得居家清潔的需求越來越旺。

新冠疫情的出現改變了大眾的消費習慣，人們到實體門市消費的習慣轉往線上購物，因此很多線下公司也轉型提供線上服務，即便是新創公司也多從線上營運開始，供需雙方都在線上平台產生交集，因此也衍生出不少問題，這些問題值得我們探究，以作為深耕清潔產業的養分。

線上還是線下好？

線上的向下管理並沒有我們想像中那麼順利，由於缺乏線下的人員培訓和考核，導致提供的服務品質參差不齊，造成客戶體驗感不佳。線上能觸及到的客群多，是擴展速度快的經營策略，能在短時間拉攏大量的使用者進來，但如果持續發生品質管理不佳的問題，一切經營都是浮雲。反觀線下的實體店面經營業者，他們能透過面試、培訓、考核等方式培訓人員，注重在各區域性的配合，並努力朝標準化服務發展，再配合網路平台讓使用者能網路預約時間、地點等媒合功能，由於人員管控操之在己，管理工作更加徹底，但缺點就是非常的花費人力與金錢成本，所以不論線上線下，都有經營方面的難關要克服。

美國的 Homejoy 有「家政界優步」的稱號，是美國家政 O2O 的鼻祖，在營運短短三個月後就攻占了全美 30 多個城市，以透過平台媒合，幫助屋主找到理想的家政工人為宗旨而興起旋風。Homejoy 利用線下考核清潔工的專業技術、背景調查等，與清潔工保持合作關係，因此能對服務的品質有一定標準的把關。雖然有讓人心動的口號和包裝，且發布第一天就急如星火般的病毒式擴張，讓 Homejoy 迅速得到投資人的青睞，但後來因人力成本與共享經濟的概念起衝突，最後仍以失敗收場，但不論它的成功還是失敗，都有我們值得借鑑的地方。

有待克服的問題

說到成本，就不得不提清潔服務的在地化問題，因為清潔服務不像實體商品可以用物流方式配送到各個地方，於是清潔公司相對的成本都會反映在價格上。在地化會成為消費者與清潔人員很大的阻礙，多半超過住家範圍一定距離的就不適合接案，加上市場上嚴重的缺工現象，更加惡化成本問題。

綜上所述，家政工的收費就會根據距離遠近與專業能力而產生差異，一小時平均落在 250 元到 750 元之間，消費者也經常需要在專業與價格之間權衡輕重。因此，在市場資訊不透明的狀況下，消費者只能花時間去弭平對專業、安全、隱私與價格的憂慮。有些業者會去現場評估，再當場報價，但不論是現場估價還是透過電話或 Line 來估價都會耗費一定的時間與人力，於是各界專家認為台灣的市場還有許多開發潛力仍可調整精進，現在切入是一個不錯的時機，靠技術降低清潔工與消費者的對接問題、降低管理成本，解決上面的問題，才能為清潔產業供需雙方創造雙贏。

葉媽媽如何克服問題

葉媽媽居家清潔公司投入了許多人力物力去市場調查，制定公司內部目標，為求在市場嶄露頭角拿到好成績，還向各界專家請益，經過長時間的努力，最後總結出了一套最佳的解決方案：

一、**消費者方面**：提供線上諮詢、快速估價、提供完整作業內容、確保價格資訊透明、拓展據點不受區域限制。

二、**作業員方面**：員工方面，提供專業的培訓計畫、引進高科技工具降低體力勞動，正職人員有升遷機會、福利與獎金制度，兼職人員工作彈性空間大；對於加盟商，凡經過培訓通過考核者即可外出接案，創造自己的事業、提高收入，與葉媽媽一起寫下亮麗的成績，活出各自的精彩。

三、**葉媽媽方面**：有效管理、協助各方面營運，降低各項成本，創造三方共贏。

全方位的清潔職人

葉媽媽在清潔領域可以說是面面俱到，除了家政清潔外，還包辦辦公大樓的清潔與裝潢後的細清等面向，居家清潔項目之下還細分成家事、收納、消毒、除塵、清理水塔以及戶外除蟲等類別，可以說，只要有清潔方面的需求，不管哪一種需求都可以找我們葉媽媽來處理。

葉媽媽居家清潔
- 居家清潔部門
- 家事部門
- 收納部門
- 裝潢細清部門
- 標案部門
- 商辦大樓部門
- 會展大樓部門
- 消毒部門
- 除塵部門
- 水塔部門
- 戶外園藝景觀除蟲作業樹木病蟲害防治部門

葉媽媽居家清潔公司
地板打蠟、辦公室清潔

葉媽媽居家清潔公司
屋頂環境維護清潔

葉媽媽居家清潔公司
窗戶拆裝除垢清洗

葉媽媽居家清潔公司
高空玻璃清潔

葉媽媽居家清潔公司
景觀綠化、園藝除草、修剪、

葉媽媽居家清潔公司
商業空間裝潢細清

葉媽媽居家清潔公司
遮雨棚、排水溝槽清潔

葉媽媽居家清潔公司
家具、辦公器具清潔

清潔前後對照

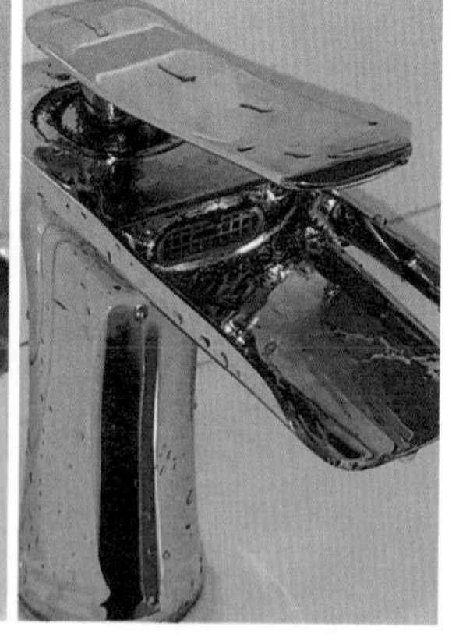

Before　　After

葉媽媽獨家潔淨妙計

居家清潔，是一門融合技藝與服務的藝術，在這門領域中，我們以「專業、敬業」為信念，精益求精，以滿足用戶需求為最高指導原則。可以說，清潔有關的知識與技巧，我們無不瞭若指掌，我們的每一位清潔專員在經過一系列的強力培訓與實作後，各個身經百戰，擁有高超的清潔技術與應對能力，這裡就不藏私，跟大家分享幾個葉媽媽獨家的清潔妙方，讓你也能像專業的家政士一樣清掃出省力高效的生活環境。

作業高度	挑選一支 150 公分以上的伸縮桿，這個高度可以讓你輕鬆搆到天花板，也不用彎腰掃地，不僅有效率，還能減少腰痠背痛。
作業面積	挑選一支加寬、加長或加大的掃除用具，能讓你清潔面積增大，減少清潔動作，達到事半功倍之效。
纖維抹布	吸水、去油、除汙的最佳利器，用細緻的那一面擦拭不會留下水痕，用立體纖維毛那一面可以勾附毛髮、棉絮或髒汙。
工具選用	物件的表面若是平面，可使用菜瓜布清潔；如遇到邊角縫隙或凹凸面時，就用毛刷之類的清潔工具。
工具收納	將常用的工具依用途區分一下，再裝箱或裝桶收納，方便清潔時能隨時取得。
抹布使用	二次對折後再擦拭，髒了再換面，乾淨又不會重複汙染，充分利用可減少抹布清洗次數。
地板清潔	遵循先乾後溼的原則，先除去灰塵再拖地，乾溼兩用平板拖讓你一次就到位；S 型拖地法乾淨又有效率。
玻璃刮刀	可以在任何有水的平面上作業，常見於玻璃、鏡面和桌面，清潔時先噴溼後再刮除水分，鏡面立馬清潔溜溜。

這些都是利用常見的清潔工具，只要搭配正確的使用方式就能讓提升清潔效率，而且省時又省力，只要你學會這些技巧，做家務就不再是一件痛苦的事了！

清除有害懸浮微粒的祕密武器

空氣汙染是社會快速發展下的負面產物之一，給全人類與地球帶來可怕且嚴重的影響。空氣中飄浮著細微到難以察覺的 PM2.5 微粒，入侵我們的生活，引起人們對空氣汙染的反思與反制。面對這樣的環境與健康殺手，葉媽媽居家清潔公司當然也義不容辭，在清潔經驗的累積與創新科技的碰撞之下，找出最有效的清除方法。

常常聽到人家說起 PM2.5，究竟什麼是 PM2.5 ？它是懸浮在空氣中的微小顆粒，大小約等於 2.5 微米，這些微粒隨著空氣飄動，在肉眼無法觀察到的微細粒子中，PM2.5 是最危險的存在，它不僅可以穿透呼吸道進入人體，還可能攜帶著各種有害物質，如金屬、硫酸鹽、多環芳香烴化合物等，由於 PM2.5 一旦被吸入就會一直積累在肺部，長期暴露或吸入 PM2.5 的話，將引起過敏、氣喘、心血管疾病和提高死亡的風險，是人體健康的隱形殺手。

運用科技達到事半功倍之效

為了清除空氣中的有害物質，葉媽媽引進了超低量充電式（ULV）噴霧機，利用「雨後天空的空氣是最乾淨的」這個原理，還給大家一個能呼吸乾淨空氣的環境。

裝潢過程中免不了會產生大量的灰塵，這些細小灰塵飄浮在空氣中，久久無法散去，只能等個幾天讓塵埃都落定後再進行細清作業，因此也影響了房客的入住時間。正常情況下細清之後就能直接入住，但長時間的裝潢工程產生大量的微細灰塵，即使進行了裝潢後的細緻清潔，仍然還是有可能會出現落塵的現象，但相對來說會少很多。只要太快細緻清潔，就有可能出現細清完還是有落塵的現象。由於裝潢中產生的粉塵非常細小，粉塵完全靜置至少要等 2 至 3 天的時間，這時候，葉媽媽居家清潔公司就會使用 ULV 超低量充電式噴霧機，將微量水分子噴灑到充滿微細粉塵的環境中，粉塵結合水分子後就會快速沉降下來。這個設備將有效縮短等候清潔的時間。同時，我們

還使用測定儀器來監測空氣品質，確保細緻清潔能達到食品衛生標準。讓作業時間從原本的 2 ～ 3 天濃縮到 1 ～ 2 天，有些快的話甚至一天就能成。這也是我們的特色，讓住戶在最短的時間內享受一個清新、衛生的居住環境。

裝潢細清使用 ULV 噴霧機，做空氣淨化落塵處理

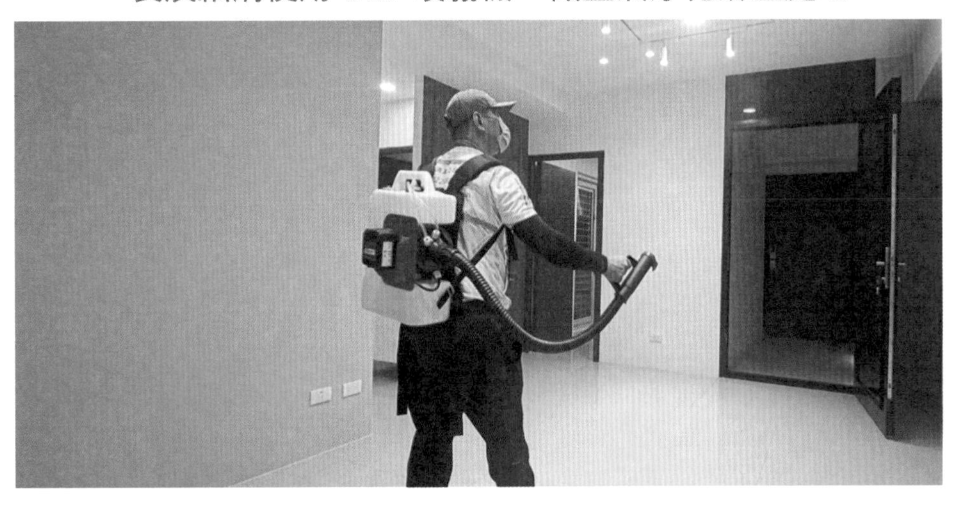

讓你呼吸到猶如下雨過後的新鮮空氣

你知道為什麼下過雨後的空氣聞起來總是那麼清新？主要有以下幾個原因：

首先，下雨常伴隨打雷閃電，閃電會將空氣中的氧（O_2）轉化為臭氧（O_3），因此可以看到臭氧的化學式比 O_2 多了一個氧原子，臭氧具有氧化能力，可以漂白和殺菌，有助於空氣淨化。

第二，雨水可以帶走空氣中的塵埃和其他懸浮物。空氣中存在許多懸浮物，主要是灰塵和雜質，雖然肉眼是無法觀測到的，但當水汽凝結成雨滴時，這些懸浮物和雜質就會附著在雨滴表面，隨雨水一起降下。如果你用容器去接雨水，就會發現容器底部沉澱了很多雜質。雪水也有類似的效果，可以說降雨就像是對空氣進行了清洗，因此雨後的空氣總是有令人耳目一新的感覺。

第三，在下雨之前，空氣中的水汽會增加，氣壓下降，有股悶熱的感覺。下雨時，水汽會凝結成雨滴，這個凝結過程會吸收部分熱量，導致氣溫下降，這也是為什麼雨後會感到涼爽的原因。

第四，下雨前的空氣總是悶熱潮溼，因此人們渴望下雨來解除不適。下過雨後，不僅生理上真的感到涼爽，心理上也會感覺到清新舒適，這可以說是一種心理暗示和條件反射。因此，人們總喜歡在下雨過後外出散步和活動，因為這時候的空氣是真的清爽宜人。

下雨前的天空

下雨後的天空

創新的清潔手法

清潔方式的多樣性是葉媽媽居家清潔公司的一大特色。除了運用科技來提升清潔效率外，我們還利用了乾冰清潔法、靜電清潔法、酵素清潔法等等，有別於傳統使用清潔劑的清潔方式，其實這些手法的原理都很簡單，只要懂得搭配起來，清潔效果絕對槓槓的！

乾冰清潔法

就是由利用低溫和速度的原理來達到清潔效果。乾冰清洗機先將空氣壓縮後再以極高的速度將乾冰顆粒噴出。乾冰溫度約為－ 79℃，任何汙垢一旦

接觸到低溫就會馬上冷凝並變得脆弱，之後去除污垢便可以不費吹灰之力。這是一種非常有效且溫和的方式，幾乎所有類型的汙垢都能用這種方式清除掉。

改造洗地機

我們將洗地機的棉頭改換成菜瓜布（頭）來清洗陽台，改裝測試花費了一些研究成本與時間，但完美的清潔效果回饋到客戶身上，實在值得。

靜電清潔法

利用物質磨擦帶電荷的特性來吸附灰塵。當乾燥的物體進行摩擦時，就會帶電荷，並跟其他物質產生相吸的作用。所以清潔時，可以運用一些容易產生靜電的物品來作為吸附灰塵的工具，尼龍化學纖維的材質是很理想的除塵擦拭布，能有效地將灰塵吸附在布料表面，保持居家環境的清潔度。

酵素清潔法

利用活性的生物觸媒，將汙染物分解成小分子達到清潔效果，除了不會損害物品質地外，對環境與人體健康也沒有危害，是非常有效安全的清潔方式，這樣的特性也被廣泛應用，例如洗衣粉中會添加酵素可以分解蛋白質、弄髒的白色衣物加入酵素後能輕鬆洗白等等。葉媽媽居家清潔公司運用酵素清潔技術，提供更為溫和而高效的清潔方案，還給大家一個乾淨安全的生活環境。

3.2 來自客戶的肯定

秉持貼心、細心的服務理念，使葉媽媽收穫眾多五星回饋，看到用戶們分享他們的體驗，因為我們的專業服務和付出而感到滿意，讓人感到倍受肯定與開心。這裡收錄一些 Google 上的用戶評論，帶大家從另一個視角，去了解我們的用戶們是如何看待葉媽媽居家清潔的業務能力，而這些也正是我們繼續堅持下去的動力來源。

潔淨專業，溫馨服務

「葉媽媽居家清潔給了我一種真正的家的感覺。每一次清潔過後，房間都是那麼的潔淨整齊，每一處都被細心打掃，讓我感受到他們對工作的專業和用心。而且，清潔人員總是笑臉迎人，給人一種溫馨的感覺，讓整個清潔過程成為一種享受。」

細緻入微，注重細節

「葉媽媽的清潔服務真的是細緻入微，他們不僅僅清潔地面、家具，還會注意到一些平常容易被忽略的地方，比如角落、窗戶框、門縫等等。這種注重細節的態度讓我感受到他們對工作的認真和負責。每次清潔後，家中都煥然一新，讓人非常滿意！」

靈活服務，量身定制

「葉媽媽居家清潔的服務真的非常貼心。他們不僅提供標準化的清潔服務，更願意根據客戶的需求量身定制清掃方案。我有一次有些特殊的需求，他們也都認真聆聽，給了我一個滿意的解決方案。這種靈活的服務讓我感受到他們很有效率、也願意聽取客戶的意見。」

有守時觀念，效率一流

「葉媽媽居家清潔的效率真的是一流。每次完成預約後，清潔人員都準時到達，而且在規定的時間內完成工作。他們不僅保證了清潔的質量，同時也讓我省下了寶貴的時間。這種講求效率的服務讓我感受到他們對客戶時間的尊重，是一個非常值得信賴的清潔服務公司。」

Google 評論

★★★★★ 3 個月前

第一次跟葉媽媽配合，沒想到今天的居家清潔真的非常專業，果然不能小看打掃的每個步驟，就連浴室的潮濕的黴菌跟水溝師傅也教我怎麼樣保持不容易發霉，在官方line上預約的溝通跟回覆也很有效率！真心推薦厲害的葉媽媽清潔！

★★★★★ 3 週前 新

第一次預約葉媽媽居家清潔，今日服務的沈小姐人很好，打掃過程有問題時溝通得也很順暢！期待下次的清掃！

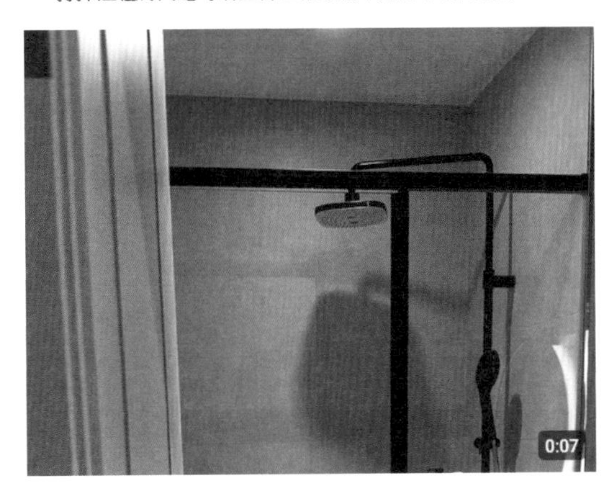

★★★★★ 5 個月前

非常專業的清潔，態度良好而且細心，平常比較沒在注意的小細節比如窗溝、燈罩上面等都有清潔到，很讚！

★★★★★ 6 個月前

今天居家清潔，打掃的超棒喲，好認真打掃的，太贊啦！大贊這位女師傅！還會幫我分析教我以後怎麼打掃，真的好划算喲！

小紙條傳達我們的貼心叮囑

我們除了培育工作人員清潔方面的素養之外，我們也很注重客戶的體驗，希望委託人回到家能有賓至如歸的感受，所以我們會在自己本份的限度內盡可能地向客戶展現我們最好的服務。例如在清潔過程中如果發現冰箱的食物快要過期了，我們會留下小紙條，提醒委託人注意食物的保存期限。我發現這樣一個小舉動居然受到一致的好評，這也讓我們堅信，我們的服務得到了來自客戶的尊重和肯定，而反饋也溫暖著每一位付出的心靈。

用戶們的肯定，讓我們葉媽媽居家清潔能在這一行走得更遠，我們也會繼續追求更專業、細致、貼心、靈活和高效的服務，回應用戶對我們的支持。

在我們的眼中，居家清潔不僅僅是對環境的整理，更是對生活品質的提升。我們的專業團隊不僅具有卓越的技術，更擁有滿滿的愛心。每一個工作日，我們努力保持笑容，將這份愛心融入到每一次清潔當中，使每一位客戶都能感受到溫馨與愉悅。對我們而言，客戶的滿意不僅是一次交易的結束，更是一段信任的開始。我們以專業的態度贏得了客戶的信任，以敬業的精神贏得了客戶的尊重。這是一種難以言喻的成就感，也是我們不斷前行的動力。

在這片居家清潔的天地中，我們攜手客戶一同走過每一段日子，見證每一戶的家庭故事。我們用專業和敬業，打開家門，走進每個客戶的心，為他們營造一個清新、舒適、愉悅的家。這是我們的使命，更是我們心中最真摯的承諾。

加入我們，用萬能雙手全情投入其中，享受成為清潔達人的快樂。設定目標，告訴自己「你想成為什麼樣的人，就能成為什麼樣的人」，自己定義人生，打造屬於你自己的小小宇宙。

3.3 面對疏失的態度

從錯誤中學習，一步步精進

人人都想住豪宅，覺得氣派又寬敞，但其實打掃豪宅是一項費人又費力的大工程，其中很多眉角更是多到讓人望而卻步。

首先，寬敞的空間意味著須要更多時間與精力去清理，而且豪宅中的裝潢、家具與擺設都價值不菲，打掃時須要更加嚴謹，清潔人員必須要有相當專業的知識，了解這些高檔的材質該用哪種清潔用具來處理，以避免造成豪宅主人財產的損失。

除了上述這些客觀的因素外，豪宅屋主也更加重視個人隱私和財產安全，因此對於到府服務的清潔人員要求更高，除了對職業操守與人品的要求外，還會仔細做身家調查，再簽約合作，就是為了以防萬一。

這裡就要說說我們公司前不久接到的一個豪宅委託。屋主希望我們進行全面性的居家清潔，由於是清掃豪宅，所以公司很謹慎評估，經過一番比較之後決定派出一位口碑不錯、有職業素養的清潔人員前去處理，然而這位有著處女座追求完美個性的清潔人員卻栽在了這樣的個性上，在清潔過程時犯下了一個初學者的錯誤。

這位員工一心追求完美，當她發現蓮蓬頭可以刷得更亮時，她便努力去刷，但是她忽略了使用合適的清潔工具，導致了蓮蓬頭表面出現了刮痕。這是員工訓練時可能會犯的初級錯誤，我們公司也因此吸取了教訓。

在發現問題後，我們立即展開應對。我們首先向客戶表示最誠摯的歉意，承認這次清潔過程中的錯誤。為了展現誠意，我們向屋主提出更換新的蓮蓬頭作為賠償，整套換下來要價 5,000 多元，這筆支出超出了這一次任務的收

費，也就是說，我們不但沒收到錢還倒貼了一筆錢，但為了維護公司信譽，這麼做還是有必要的。

就我觀察，發生這樣的事故，大部分公司都只是道歉或抵扣部分收費而已，不論是小公司還是有點名氣的公司都是如此，他們並不會像我這樣直接幫客戶換新的。我也不是在強調，物品有損壞公司就一定會賠新的，只是這個案例有點特別。我們在員工訓練時有一個規定，只要客人同意，我們就會做清潔之前與之後的拍照動作，這麼做就是為了避免不必要的糾紛產生，但如果客人不同意，我們也不會硬拍，只是就缺少了證據。這名豪宅屋主很豪爽，同意讓我們拍照存證，一方面他很少去住這間屋子，一方面他並不介意房子可能會被曝光的問題。因為有拍照，可以明確看到，清潔前的蓮蓬頭並沒有那麼多刮痕，清潔後雖然很亮但是出現了很多刮痕，很明顯是我們員工的疏失造成的，既然有證據，我們也就願意來幫客人做換新的動作，展現我們公司肯負責任、不會逃避的態度。

雖然這次事件給我們帶來了一些困擾，但我們將其視為一次學習的機會。我們會繼續強化清潔人員的培訓，確保類似的錯誤不再發生。同時，我們感謝客戶對我們的理解和支持，並將這次經歷視為與客戶建立更緊密聯繫的契機。

這個案例凸顯了我們公司在居家清潔服務中的用心態度，以及對客戶需求的積極應對。這也反映了我們公司在面對挑戰時，始終以維護信譽和提供高品質服務為首要目標。我們以客戶滿意度和信任度為最高目標，即便在面對成本壓力時，也不忘堅持提供卓越的服務品質。我們的豪宅清潔專業性不僅體現在技術的嫻熟，更展現在對客戶需求的細緻關注和對價值的堅守上。

3.4 公司的處事原則

在當今競爭激烈的商業環境中，企業的成功與否不僅取決於其產品或服務的質量，更在於公司對兩個核心元素的精心照顧：員工和客戶。建立起這樣的平衡且互相促進的關係，已經成為企業永續發展的不二法門。由於公司規章是一間企業營運的根基，裡面也涉及到公司對於員工的政策，因此，這一節我想透過公司的幾個規定，帶大家了解葉媽媽是如何通過體恤員工和照顧客戶來營造一個健康而具活力的組織文化，進而取得如今的成就！

天熱請開冷氣

客戶在使用我們的服務之前，我們會先請他們閱讀我們的服務條款，裡面詳細列出需要注意的地方，其中的特殊事項聲明中，有一點是這樣寫的：**「預約清潔服務請體恤清潔人員的辛勞，師傅清潔時請清潔委託方主動開啟空調，避免人員因熱傷害導致熱衰竭、中暑等症狀。」**

為什麼我會特別舉出這一條聲明呢？因為葉媽媽創立的其中一項宗旨就是要「照顧員工」，這也是我們公司的文化。大家都知道台灣夏天很悶熱，我希望我們清潔人員到客戶家中服務時，能有一個比較舒適的作業環境，畢竟清潔工作也是一種體力勞動，過程中難免會出力出汗，如果這些辛苦工作的清潔人員能在有空調的環境中作業，一方面會有更好的效率，一方面也不會因天氣過熱而產生中暑或熱衰竭等問題，所以我們會事先跟屋主溝通，希望在夏天時能開啟空調，給予清潔人員良好的工作環境。

因此我把這條規定納入公司規章中，保障員工在工作過程中健康不受到傷害，我認為員工是企業的資產，必須給予員工相對的尊重，員工的健康出現問題，到頭來也是企業的損失，為了避免外在環境影響員工效率，把能維護員工健康的條件列入公司章程之中，我覺得是很合理的事。

在與客戶簽署服務條款時，我們都會請客戶理解並同意這項夏季開冷氣的規定，但這只限於夏季高溫的情況下，冬季時我們並不會強制要求屋主開暖氣。

工作時不得與客戶聊天

我在成立葉媽媽之前，就是居家清潔服務的重度愛用者。在這段經驗中，我發現到一個現象，就是清潔人員很愛與客戶聊天。因此，我在公司規章中定了一條規則：清潔人員在工作時不得與客戶聊天。

為什麼我要特別定這個規定呢？那是因為當我們在聊天的時候，容易停止手上正在做的動作，我們本來就是去工作的，因為聊天而把該做的事都耽擱了，難道不會影響公司口碑和聲譽嗎？我就有這樣的經驗，花錢請人來家裡清掃，結果對方只顧著聊天、時間到了也沒完成工作，換成是你，你不會生氣嗎？

而且，打探別人家的私事也沒必要，畢竟我們跟對方又不熟，即便相處久了、逐漸混熟了，我們也不應該去打探別人家的私事，這對客人還是對清潔人員都沒有好處。當時我就因為找的清潔媽媽跟我太熟、知道我太多祕密了，興起想換掉對方的念頭。由於我跟這名清潔媽媽配合久了，習慣了她的存在，所以很多時候對於她的問話會不假思索、脫口而出，但是後來想想，這樣的關係並不好，因為我的很多隱私都被知道了，這種感覺並不好，我覺得還是要與客戶保持距離，到時候如果有狀況會很麻煩。

所以我規定員工在工作時不能跟客戶聊天，一方面既能保障客戶權益，一方面也能確保清潔人員在工作時能夠專心致志，扭轉一般人對於清潔人員愛聊天、講八卦的刻板印象，打造更專業的居家服務員體制，提升大眾對於清潔行業的觀感。

保障客戶隱私

我們每一個組都會有一個清潔主管，負責管理自己的組員。如果這一組一次負責清掃五間房子，而且也熟悉這些房子的狀況，主管就會針對每間屋子製作一張 SOP 清潔流程表，表上詳細記載了該屋每日要處理的任務，如果客戶那邊臨時提出新的要求，也可以追加在表上，表單上要做什麼、要攜帶什麼工具、有什麼臨時動議等，都能一目了然，這是葉媽媽獨家設計的一個作業流程表，方便我們員工執行任務。

那要如何維護客戶安全呢？那就安排固定的清潔人員，避免頻繁更換工作人員以免客戶隱私遭洩漏，尤其是那些住豪宅的客戶們，他們並不希望太多人知道他們的住處，也不喜歡陌生人出入他們的家。因此，我們會安排一名清潔主管去熟悉客戶的需求和習慣，根據對方的需求與喜好制定清潔策略，然後再安排一個固定的組員負責該住戶的家庭清潔工作。

這樣的安排不僅提高了清潔效率，也為客戶提供了更安全、更私密的服務體驗。在公司的經營理念中，我們始終堅持以客戶需求為先，同時保護客戶的隱私和安全。

專業的教育培訓

在葉媽媽居家清潔公司，我們目標不只在提供高品質的清潔服務，更是立志提升清潔人員的全面專業技能。為了讓每位清潔技術者都能夠立刻上手、開始接委託，我們特別編製了一套教育訓練入門手冊——「黃金三手冊」，裡面是從上千件服務案子的經驗中提煉出來的精髓與養分，可以說是清潔教育主管們的武功祕笈，只要用簡單的動作和輕鬆的手勢，清潔技術者就能夠在工作中保持高效，同時避免「職業傷害」的發生。專業手勢的學習並不複雜，只要擺脫以往的錯誤習慣，按老師示範的動作去做，就能夠用最小的力氣搭配專門的工具完成專業的清潔任務。

除了專業的實操手法之外，黃金手冊裡還收錄葉媽媽歷來服務過的經典案例，對我們而言，它不僅僅是一份教育手冊，更是葉媽媽的創業紀錄。透過這份寶典，清潔技術者可以學到如何在實際工作中應對各種情境，提高工作效率，同時確保個人安全。每一個步驟都是經由反覆實踐和驗證得來的結果，保證絕對實用。以上種種實用的技巧和經驗將不僅局限於員工應對時做使用，我們也開辦了微創業課程，讓有志於自主創業的人們能夠更深入地了解這些技能，輕鬆擁有清潔行業的專業技能。歡迎您加入我們的微創業課程，一同掌握這些寶貴的清潔技能，為未來事業鋪路。

常用工具使用導覽

一、3M 萬向菜瓜布清潔刷

專業清潔必備工具，板面可 360 度翻轉，搭配不同功能的菜瓜布可清潔不同的區域，可調節式的伸縮桿能擴大作業區域，清潔到平常不易清潔到的位置。刷面必須與牆壁、地面、玻璃平面呈平行並貼合。戴有特殊爪夾可將絨片穩固定位，配件可用橡皮筋加以固定，避免使用狀態下配件由高樓往下掉落，或因施力不當造成毀損。容易替換拆裝，提升清潔工作效率。菜瓜布顏色由淺至深分別代表從細緻面到粗糙面。

配件	黑色菜瓜布（粗糙面）	白色菜瓜布（細緻面）	抹布（乾／溼）
應用	硬度高或粗糙表面的刷洗	適合細緻光滑表面的刷洗	代替雙手不易觸及到的範圍
範圍	地板、磁磚、牆面、樓梯	鏡子、金屬、玻璃、面盆	內外窗戶、地板等大範圍的擦拭
區域	衛浴、陽台、廚房、室外	衛浴、陽台、廚房、室外	適用於全區域

二、3M 乾溼兩用平板拖

面板輕巧好施力，可平貼於天花板、牆面、地面、床底和桌底處，施行擦拭拖地。遇轉彎處能靈活轉向，伸縮鋁合金拖桿、乾溼兩用。乾拖可吸附毛髮、灰塵和蜘蛛網。溼拖可用於各種需要溼拖的場合，吸水力強方便拆卸清洗。纖維布不可用柔軟精或高腐蝕性的清潔劑來清洗。不可重壓拖把或施以不當的力道，避免身體重心不穩而受傷及可能造成桿子彎曲斷裂。

配件	纖維拖把布（乾）	纖維拖把布（溼）	抹布（乾／溼）
應用	乾拖可吸附毛髮、灰塵、蜘蛛網	各式需溼拖或擦拭的髒汙	能替代纖維布、材質更細緻
範圍		適用於全範圍	
區域		適用於全區域	

三、葉媽媽工作背心

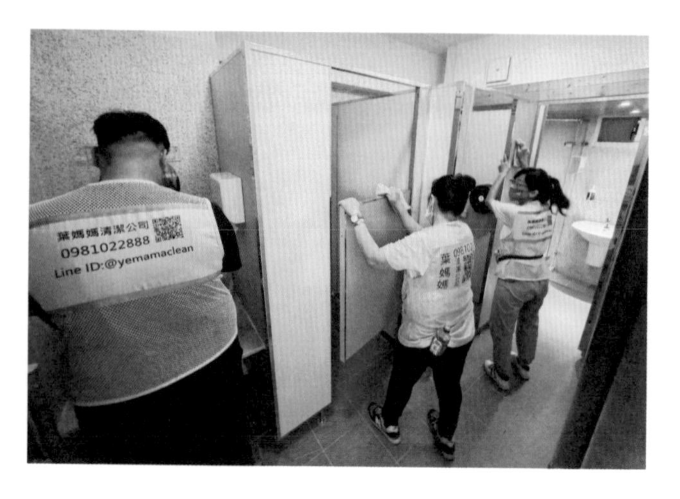

透氣式網布穿上透氣不悶熱，胸口兩邊各有兩個大口袋附拉鍊魔鬼氈，方便攜帶工具。銀色反光條有辨識度，在夜間能保障人身安全。清洗時必須放入洗衣網與其他衣物隔開再清洗，防止拉扯變形，洗完後反面晾曬，正面曝曬將導致褪色。清洗時，確保拉鍊拉到底再放入清洗，以防拉鏈割傷衣物。排汗型商品，清洗時，請不要使用衣物柔軟精，會破壞衣物的功能性。出入社區大樓或工程中必須遵守穿戴。

四、玻璃刮刀（刮水）

符合人體工學防滑設計，握把順手舒適，以 35cm、45cm 居多，彈簧鎖方便拆裝更換膠條，刮片流暢，刮過不留水痕，速裝型設計，不銹鋼手柄安裝迅速，刮條不易鬆脫。適用於家庭窗戶、浴室瓷磚、淋浴玻璃屏風、磁磚清潔等超方便，清洗廚房平面物件也有絕佳效果，能快速輕鬆地刮除任何平坦光滑表面上的水漬。保存時避免潮溼及陽光直射。

五、金屬刮刀（剷除）

鐵柄刮刀組合，清潔好幫手，能有效去除殘膠、油漆、水泥及任何附著於平滑面之汙染，桿長 10～30cm，金屬材質，以塑料包附握把，刀片長約 5～10cm，需定期更換刀片，刀刃一面鋒利一面鈍口，可視情況交換使用，金屬鈍面適用於容易刮傷的材質表面，金屬利面適用於不易刮傷的材質表面。使用時需注意力道控制，以合適角度施力。作業時攜帶備用刀片依照需求隨時替換使用。

六、油漆毛刷

有軟毛刷、粗鬃毛刷、細鬃毛刷，後端的掛孔設計隨處可掛，握把舒適好握，任何物件的邊角縫隙處都能輕鬆清除灰塵、粉塵或木屑，多功能用途，生活周邊清潔打掃不可或缺的利器。

配件	軟／硬毛	長／短毛	毛柄寬度
應用	對施力縫隙汙染去除力有影響	對施力縫隙觸及深度有影響	對施作面積有影響
範圍	適用於全範圍（乾溼需要分開）		
區域	適用於全區域（避免交叉汙染）		

七、塑膠清潔刷

這個窄身的小刷子能清潔轉角、邊緣、溝槽、裂縫，也能深入磁磚縫隙輕鬆刷洗難於接觸的位置，刷子有把手，刷洗不沾手，可避免接觸到清潔劑。浴室的水垢髒汙可輕鬆去除，乃浴室清潔一大利器，又稱邊角刷、清潔刷或縫隙刷，是浴室、廚房、窗戶、矽利康、排水孔、水龍頭、馬桶出水孔處的清潔小幫手。

八、水桶

耐衝擊、酸鹼、高溫，有手把方便提取，可重疊儲放，節省空間，堅韌耐用，適用各式水性液體之裝盛，可作為工具、抹布、雜物的存放桶，清潔垃圾雜物時可作垃圾桶使用。作業時可以利用手把掛立於方便拿取的位置，須小心掛放避免刮傷毀損，可當作移動物品時的裝盛容器使用，20L 大容量，是作業中不可離身的好幫手。

九、工作椅／工作梯

一般樓高約 3 米，一樓如果是店面或接待大廳通常會挑高超過三米，作業中如需攀高時可依場地條件配合自己身高選用，梯具超過 2 米時屬高空作

業，須在安全規範之下作業。須參照《高架作業勞工保護措施標準》進行施作。

十、吸塵器

輸出功率 2,400W，集塵桶容量 77L，不鏽鋼材質，額定電壓 110V，擁有 2 個馬達功率可以更強大。使用傾倒式拖車，方便清倒桶內髒汙。根據場地需求選用配件，可以節省體力與時間輸出。在清潔區域比較大的場所，採清洗式濾心，可以讓過濾效果更好，保持超強吸力。

配件	吸塵軟管 3 ～ 15 米	毛刷吸頭 35 ～ 45cm	膠條吸頭 35 ～ 45cm
應用	需拆卸吸頭以手持軟管方式吸塵	乾式吸塵	溼式吸水
範圍	適用於全範圍		
區域	適用於全區域		

十一、抹布

採用好市多 40×40 公分超細纖維抹布，短毛面細緻，擦拭時不易留水痕，長毛面擦拭時容易將灰塵包覆，布面柔軟吸水性強，可吸除汙水及吸附灰塵，不易刮傷表面。抹布對摺再對摺後有 20×20 公分，共有 8 小面可反覆換面供擦拭使用。乾溼兩用，擦拭時布面會吸附髒汙並帶離，若不常替換面，容易使部分髒汙停留於清潔物件的表面。可配合前面提到的工具將抹布掛立或固定於清潔工具上使用。

微創業計畫

為自己找舞台、為成功找方法

智慧／微創業／第一桶金

First Pot of Gold in Yemama Clean

4.1 不只教你技術，還教你技術以外的東西

要成為獨當一面的清潔從業者，掌握專業技術和知識固然很重要，但我們更希望能培育出一個有經營頭腦的企業家，培養出對市場趨勢的脈動與創業機會的敏銳度，才算真正能獨當一面。

在葉媽媽，我們除了提供清潔專業的技術培訓之外，我也會把我創業路上吸收到的智慧在課堂上與大家分享，希望幫助大家朝創業之路能行走得更加穩健。以下幾個觀念我覺得很受用，在此先帶大家一睹為快：

1. 賺別人看不到的錢，才是永恆之財
2. 人人都是推銷員
3. 七秒鐘色彩理論
4. 客戶目標？客戶理想？
5. 錯誤與跌倒乃是成功的養分
6. 需求層次理論
7. 經營「初心」，是讓「人」來服務「人」
8. 換位思考
9. 人的思想可以決定一生
10. 創業 5 Why
11. 世界虐我千百遍，我待世界如初戀
12. 自然法則——順其自然
13. 失敗是成功的跳板
14. 人體內的小宇宙

永恆之財

每個人都想變有錢，追求財富可以說是人人共同的願望。但財富不單指物質上的富足，還包括心靈上的富足。除了金錢，健康、智慧、勤勞、善心、人際關係、心靈滿足、道德和慈悲等，也是財富的一種。就好比說，如果我們的人際關係良好，就可以在社會上建立良好的連結；如果我們擁有良好的道德和慈悲心，我們就能與他人和睦相處，避免爭執。

佛教也有自己的財富觀，但跟我們認知的不太相同，《法句經》中提到：「信財戒財，慚愧亦財，聞財施財，慧為七財」，將「信、戒、慚、愧、聞、施、慧」這七種行為視為財富，也就是所謂的「七聖財」，其代表的含義如下：

「信」是「自信」的意思。只要有自信，不論追求事業還是夢想，都是能成功的。「戒」是「持戒守法」的意思，只要心存善念、不做壞事，自然會結好果報。「慚」是懂得自我反思並修正，我們就會更加注意並規範自己的言行。「愧」是怕自己愧對於人，所以要懂得換位思考，思考這麼做之後會給別人帶來什麼樣的後果。「聞」就是「去傾聽並思考」，如此便能了解各行各業，洞察待人處世的學問。「施」是「布施」：布施不一定要給錢，一個微笑、一句好話、一點關心，都是布施，有施就有得。「慧」即「智慧」：不是指生理上的智商，而是待人接物、應對進退的道理，凡事懂得變通、隨緣、通融、包容，就能建立與人為善的關係。

真正的財富不是金錢，我們要賺的也不是來來去去的錢財，而是心靈層面的財富，它們才能伴隨我們一生，幫我們塑造出充實而有深度的人生，是永恆的財富。透過培育和積累這些永恆的「七聖財」，我們能夠在生命的旅途中獲得更多的智慧、愛心和滿足感，實現真正意義上的豐盛人生。

人人都是推銷員

日本推銷之神原一平說過：「人人都是推銷員，做什麼事都與銷售有關。」點出了生活中無處不在的推銷行為。就好比小孩哭鬧是在跟父母推銷，所以他得到了玩具和糖果、演員向觀眾推銷表演藝術、廚師向老饕推銷廚藝、律師向法官推銷他的口才、政治家向選民推銷他的政見、男人向女人推銷他的風趣、女人向男人推銷她的溫柔賢淑，葉媽媽居家清潔向社會大眾推銷乾淨環境……不論在日常生活還是各行各業中，我們都在不知不覺間推銷某種東西，可以是一種價值觀、一件產品或是一個故事。

2002 年，微軟邀請了世界知名的麗思卡爾頓飯店總經理對微軟員工演講，他分享了一個黃金準則。他說每個人的嘴巴都不一樣大，所以公司不能強制規定員工要笑得多大或多小，而是讓他們去想像當自己站在一個舞台上，面對台下期待的觀眾眼神時，應該如何微笑，這個微笑就是我們要的答案。一個微笑，也是一種推銷。麗思卡爾頓飯店總經理強調，每個人的微笑都應該是自然而真摯的，而不是被強迫的。這點連結到服務業的一個重要原則，真誠的服務和微笑能夠讓客戶感受到愉悅，同時也能影響企業形象。

著名的作家與演說家賽門 ‧ 西奈克（Simon Sinek）的經驗也很值得我們借鏡。西奈克投宿四季酒店時，遇到了一位名叫諾亞的服務生。這位服務生展現了發自內心的服務態度，他對待工作充滿熱情，臉上總是帶著真誠的微笑。於是西奈克好奇地發問：「你很喜歡自己的工作嗎？」諾亞表示他非常熱愛這份工作。西奈克非常訝異，亟欲知道為何一家企業能好到讓員工親口說出自己很熱愛自己的工作這樣的話。諾亞說，他的主管每天都會經過他身邊，詢問他是否需要協助、關心他是否遇到了困難。而且，不只諾亞的主管這樣做，大家的主管也都是如此，這讓諾亞感受到被重視，讓他對工作充滿熱情。

諾亞接著說道，他也在另一間飯店打工，但那裡的主管只在意業績成長，對員工的困難毫不關心，只會用責怪的方式要求員工完成任務。因此只要在那裡工作，諾亞時常查看手錶，只想做完自己分內的事情就趕快下班，一刻也不想多待。

不論哪個故事，其實都說明了一件事，你的表現會影響到他人對你的觀感。這種表現就是一種推銷，好的表現可以讓人接受你的推銷，不好的表現只會把別人推得更遠。所以，你知道怎麼做能讓你推銷更順利、更成功、更討人喜歡嗎？

七秒鐘色彩理論

英國臨床心理學家 Linda Blair 有一個著名的七秒理論，即人們會在 7 秒之內留下第一印象，而這個印象最多可以持續 7 年之久，顯示第一印象的重要性，雖然略顯粗暴，卻也是人類對他人最為直觀、也是最直接的評斷。這一理論在心理學中受到廣泛研究，也被證明對社交互動產生深遠影響。

心理學家 Ben Jones 的研究更進一步證實了這一理論，只要微笑著注視對方七秒鐘，就能占據對方視線，讓對方心跳加快，說明了表情和眼神接觸對人際關係和情感連結的重要性。

然而，這種連鎖反應不僅存在於人際關係中，在商業領域中也能發揮關鍵性作用。雀巢咖啡就做過一個實驗，把同樣的咖啡放在紅色、白色和綠色的杯子中讓消費者試喝，結果大部分的消費者認為紅色杯子中的咖啡最好喝，白色杯子的咖啡味道偏淡，而綠色杯子的咖啡口味偏酸，於是雀巢咖啡以紅色作為包裝的顏色，一推出便大受歡迎。

根據國外的相關研究，一款新產品進入消費者視野並留下印象的時間只需 0.67 秒，而色彩的作用就占了 67%，雀巢咖啡的實驗與在市場的大獲成功顯示出七秒色彩的影響力，也解釋大多數消費者的消費決策是根據第一印象而定，而形成第一印象的關鍵因素就是色彩，改變顏色能為產品提升 10 ～ 25% 的附加價值。

因此，在商業領域中，品牌和產品的視覺包裝和第一印象管理至關重要。色彩的運用成為產品成功推向市場的一個關鍵因素。這也進一步突顯了在這個快節奏且競爭激烈的商業環境中，我們可以運用色彩來塑造品牌形象進而影響消費者的情感和決策。

客戶目標？客戶理想？

聽我說一個小故事吧。有一個女孩每天站在小鎮的廟口賣著小包裝的衛生紙，日復一日，女孩的生意始終不見起色，每天只能賣出一、兩包，有時候甚至一包都沒賣出去。

女孩開始觀察起四周的攤販，研究他們是如何做生意的。有一天，她突然領悟到，這裡是一間廟，來廟裡的人都是來求神拜拜的，那這些香客究竟在渴望什麼呢？

於是，女孩開始聆聽每個香客的祈求。原來香客們求的不外乎是健康、財富、順利、平安或是願望能夠實現，這時她靈光一閃，開始改變策略。

女孩將攤位挪到了廁所門口，雖然那裡已經有一台衛生紙販賣機，但這並不影響她的計畫。她把衛生紙分成幾小排，每一排前面掛著一塊板子，每一個板子上各自寫上「得財富」、「得平安」、「得健康」、「願望實現」

的標語。沒多久，她的衛生紙一包接著一包地賣出，同時她也會向客人說些祝福的話。

有一位阿婆路過，二話不說就買了一包標榜健康的衛生紙。女孩就跟阿婆說，希望她如願得到健康。阿婆聽到後很是開心，笑著走進廁所。

女孩透過了解客戶的需求和期望，調整自己的策略後成功賣出了更多的衛生紙。這個小故事告訴我們，理解客戶、滿足客戶需求，是成功推銷的關鍵。

我想透過這個故事告訴大家，去理解你的客戶需要什麼、想要什麼結果，那麼你就會知道你該怎麼向你的客戶推銷你的產品了。

錯誤與跌倒乃是成功的養分

投資慘賠

這個領悟來自我的切身經驗。我在 20 初頭歲時，對投資很有興趣，於是開始接觸股市市場。那時候我遇到了一位老師（就是推薦序的威哥），他教我當沖的技巧。當沖玩得就是當日的買賣當日結算，兩天後就會進帳與扣帳，是一種沒什麼成本的玩法，但前提是每天都要贏多於虧損才有獲利。

前三個月我運氣好到爆棚，把把贏，我的證券戶頭由 50 萬元累積到 200 多萬元，投資報酬率高達 4 倍。這樣的運勢讓我產生了更大膽的想法，如果我用這 200 萬再去操作三個月，不是就能賺到 1,000 萬了？想想就興奮，畢竟當時台中的小套房一間才賣 80 萬，1,000 萬是何等巨款呀！

因此我野心越來越大，開始玩起了融資。果然，天不從人願，我永遠記

得 2013 年那一年，我長出了人生第一根白頭髮。

2013 年 5 月 22 日，當時的聯準會主席柏南克（Ben Bernanke）暗示將縮減購債規模，消息一出立刻引發金融市場震盪，新興市場有 1 兆美元流回美國，MSCI 新興市場指數重挫 15%。

面對這樣的巨變，我依然樂觀，連跌一個禮拜我堅持補維持率，希望第二個禮拜市場會反彈。然而，股市依然走低，到了第三週我不得不放棄，因為再補下去我就要開始借錢了，這已經觸及到了我的底線。我徹底放手了，告訴自己要安分守己，我潛心研究股市，五年來從不下注，等著逆風翻盤。終於，我的勝率達到 80%，贏得了最終勝利。

我想表達的是，在職場、投資或是公司領導上，不論是誰都有做錯決策或者跌倒的時候，不論原因為何，這些失敗的經驗都將是你再創高峰的養分。

差點破產

接下來要說說我差點破產的故事。有一天，我們一群人一起到澳門旅行，友人帶著我們去參觀賭場氣派非凡的 VIP 廳，我就像劉姥姥逛大觀園那樣，對於所見所聞都充滿著好奇與無知。友人跟我們說，VIP 廳裡的一切服務都不用花錢，包含訂房、用餐和喝酒，只需要扣點數就可以享受，但這也表示友人在這裡投注了相當大筆的金額，才能獲得如此多的點數。那一次，我也嘗試了一把，贏了一些錢，從此以後我每週都會跟友人一起去澳門放鬆一下。

這段期間，我有虧有賺，有時賺了幾十萬，虧了幾十萬，有時賺了一兩百萬，虧了一兩百萬。那時候，錢在我眼裡只是數字，輸贏並不重要，重要的是賭博所帶來的舒壓感和多巴胺的分泌，讓我感受到刺激，心情也變得愉悅。然後命運轉折的那一天來到了，我當時連續贏了好幾把，覺得手氣正旺，因而得意忘形地下了一把大注。我永遠記得那塊面值 10 萬、價值 80 萬的玩具塑膠塊在我手中消失的那一刻。心情瞬間揪緊，接著，我一直賭一直輸，在賭場的這兩天裡我都在賭桌上，房間只是擺設，只有進房和退房經過，坐太久了，依稀記得左眼角還帶著微弱的抽搐。

我告訴自己，即便輸錢了，命還在，錢可以再賺回來！這段經歷讓我再次提醒自己，要審視自己的缺點，並思考如何改進。從那時起，我告訴自己，我要站起來！如何站起來呢？就是克服所有想靠賭博致富的念頭，將其當作純粹的娛樂，這就是我克服困難的方式。

這兩次將我推向谷底的打擊讓我認知到，成功的道路上並非總是一帆風順，而是充滿曲折、挑戰和誘惑。經歷這些磨難，我體悟到錯誤和跌倒是成功的養分，是我們成長和進步的動力。當我們能夠從每次挫折中記取教訓，並在每次跌倒後勇敢地站起來，我們就更接近成功的目標。正是在錯誤和跌倒的歷程中，我們不斷地磨礪自己，才有機會一步一腳印，走向屬於自己的成功之路。

需求層次理論

心理學家馬斯洛（Abraham H. Maslow）將人們的需求依據心理動機劃分成五個層級，需求的等級由低至高分別是「生理需求」、「安全需求」、「愛和歸屬感的需求」、「受尊重的需求」、以及「自我實現的需求」，這就是著名的需求層級理論，從層級分類來看，在滿足溫飽的需求之外，人們還會追求更高層次的需求，也就是追求自尊與自我實現的欲望，這基本上是每個人都會有的心態。

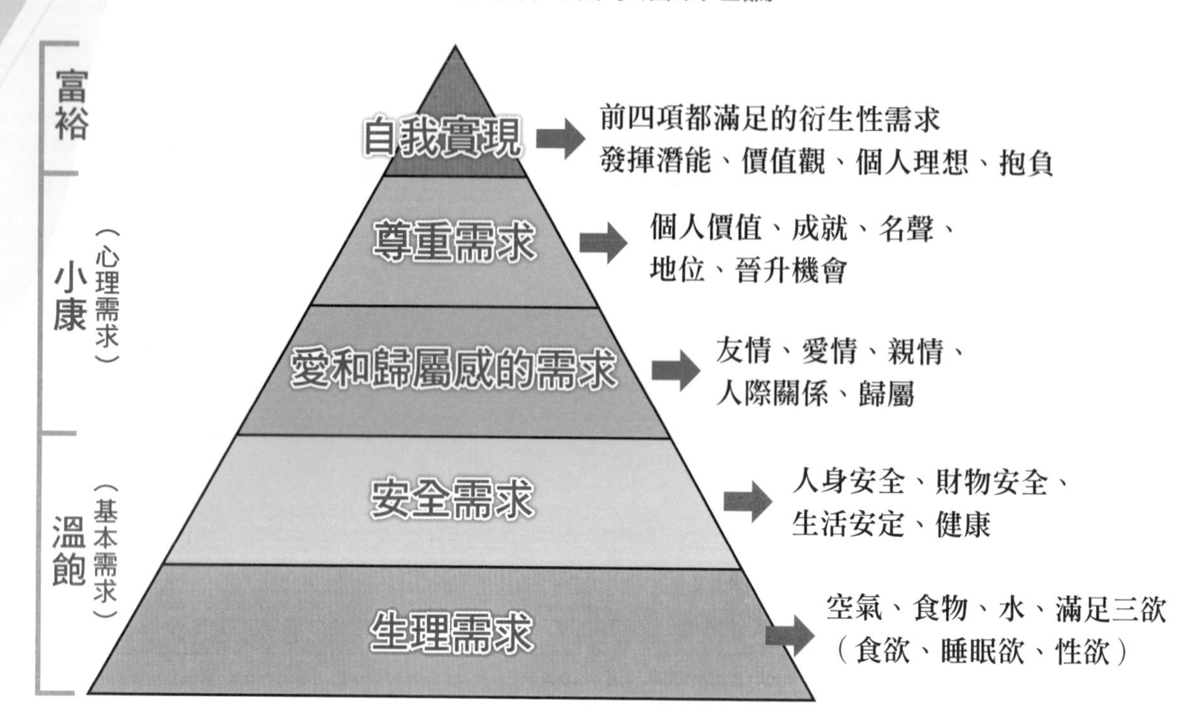

滿足一切需求的地方

馬斯洛的需求理論看似要一步一步完成，先要滿足生理的需求才有精力去追求更高層次的需求，比如追求愛、自我認同、社會地位等，其實我們追求的這些目標往往與自己的生活和工作息息相關。只要選擇一份適合的工作並在其中發展自己的需求，是一件非常簡單又可以一舉多得的美事。

辛勤工作後每月領得的薪水可以給我們帶來生理上的滿足，負擔我們日常所需的食物、住所和安心的睡眠，為安定的生活奠定基石。與同事共事、與團隊夥伴建立友誼、參與聚會進一步深交等等，可以讓我們更加融入公司這個大家庭，達到滿足愛和歸屬感的需求。認真工作的狀態可以為我們帶來公司的認可、同儕的掌聲、升遷的獎勵，滿足我們在尊重需求中對尊嚴、成就、名聲、自我價值等的追求。

在一間不斷進步的公司上班，你就有機會跟著公司的腳步一同進步，獲得嶄新的認知和成長的智慧。在一家有成就的公司上班，你就有機會遇見有領導力的主管，給予你發展的空間，滿足你追求尊嚴以及自我實現的需求，邁向人生巔峰。

作為一個老闆，必須有理解員工需求並給予相應支持和激勵的格局，例如提供健康的工作條件讓員工能安心工作、鼓勵團隊合作以滿足員工的社交需求、提供學習和成長的機制讓員工能突破自我，發展個人潛能，最後還要有永續發展的前瞻性，落實企業的社會責任，把取之於社會用之於社會的原則發揮極致，跟員工一起追求最高等級的需求。

讓人來服務人

松下幸之助素有經營之神的稱呼，是一名非常了不起的企業家，也是松下電器、松下政經塾以及 PHP 研究所的創辦人，為日本企業界的代表性人物之一。

九歲時，父親經商失敗迫使他中輟學業成為學徒。二十歲時經由相親結婚，二十三歲時他第一次創業卻失敗。然而，這並未擊垮他的意志。隔年他再接再厲創立了松下電器公司，憑藉著樂觀和堅毅的精神，最終將松下電器推上巔峰，也給他帶來了經營之神的稱號。

松下從小就體弱多病，長大後依然小病不斷，讓他成為醫院的常客。因為這一點，讓他對生活有了不同的看法，他學會了不讓病痛影響心情，並注重養生。由於長年身體不好，他知道自己不能事事親力親為，因此學會了充分授權。這種授權並非單純的放手，而是建立在對部屬的信任之上。將權力下放給有能力的下屬，由於這樣的信任，反而激發了部屬的創造力和積極性，在工作上更是賣力，進而創造了公司業務上的好成績。

面對「學習」，松下覺得在名為公司的這所人生學校中，人們展現出不同的生活面貌，提供了無數的學習素材，我們可以把握機會盡情在此處學習，但學習不能只是「模仿」，更應該將所學到的東西融會貫通，才能創造出獨特而具有創意的新點子。

面對「工作」，松下認為工作不僅僅只是為了謀生，更是為了讓人類有更美好的生活。工作的真正目的在於提升整個人類社會的生活水平。因此，金錢不僅是工作的潤滑劑，也是促進人類生活繁榮的催化劑。

對於「生命價值」，松下也有獨到的見解。他認為，與其抱怨生活乏味，不如自己努力使生活變得有趣。畢竟，別人無法替代我們過生活，我們必須自己找到並掌握生命的價值。

生命的價值會在不同階段、隨著不同環境和經歷而有所改變，這就是成長的一部分。松下認為成功人士都有一個特質，這些人都不是會半途而廢或三心二意，一旦確立了目標，他們很少偏離途徑，即使面對困難，也不輕言放棄。他們憑藉著強大的意志力貫徹始終，最終將收獲成功的果實。

在經過人生的歷練後，松下得出一個深刻的道理：「人類是偉大的存在」，無論是誰，每個人其實都身懷獨特的價值，就像鑽石那般璀璨，等待被發掘。他認為人是可以學習成長的，而且是能被激發出潛能的，只要賦予他們「生命的價值」，他們就會開始閃耀，為人類社會創造出更多奇蹟。松下對人（員工）的態度，為他打下了屹立不搖的商業版圖，我也從中看到了以人為本的企業可以走得多長久的可能性，更加堅信要以「人來服務人」為我的經營初心！

換位思考

懂得換位思考會使你更加討人喜歡，進而贏得更多機會。換位思考，就是要站在對方的角度去看事情，以同理心去消除雙方認知上的差異，透過視角的轉換，我們將能更真切地感受到他人的思維與想法，而非只是流於表面的共情。有時候生活中的點點滴滴，透過換位思考能有效幫你傳達心意。

平常在辦公室，同事都喝美式咖啡，等到他生日那一天，你可以在他桌上放上一杯美式咖啡，祝他生日快樂，儘管只是一個小小的舉動，它的意義卻遠遠超過了一杯美式咖啡的價值，這就是換位思考帶來的果實。

當你的另一半因為工作心情不好的時候，你可以做一份他愛吃的沙茶火鍋，然後跟他說一聲：「親愛的，你辛苦了！」這麼做比你拉他出去吃一頓大餐，既省錢又能安撫他的心。

看到小孩子放學回家一臉的不開心，你可以讓他一個人先靜一靜，幫他準備他最喜歡吃的麥當勞，並留個紙條：「寶貝，你心情不好我們都知道，等你吃完，想說再說，不想說也沒關係。」最後畫一個笑臉替他加油打氣，這樣做勝過買一堆玩具給他。

父母生病受折磨的時候，可以默默地陪伴在他們身旁，主動幫他們梳理頭髮、倒水、換藥、按摩不舒服的地方，做一些能舒緩他們心情的動作，這樣的關心勝過給父母安排豪華的旅遊行程。

情人如果喜歡浪漫，可以在情人節時準備燭光晚餐與鮮花，把情人節變成一個特殊的節日。用心策劃的浪漫氛圍能展現出你對對方的愛意和心意，為彼此留下美好的回憶，這樣的經歷將超越物質上的價值。

換位思考是一種高情商的展現，它有助於我們理解對方的困境，了解他們目前最需要的東西，以此為據，我們將可做出更有意義、更貼合人心的舉動，而不是白忙一場。懂得換位思考，我們將能夠打破思維的狹隘，擴展視野，更好地適應多元的環境，為自己的人生贏得更多有利的機會。

人的思想可以決定一生

1676年，丹麥天文學家羅默在觀察木星月蝕時，偶然發現了光速的算法。宇宙中速度最快的是光，根據愛因斯坦的相對論，光速是宇宙的極限速度，沒有任何物體可以超越光速，這一點在大量的觀測數據中也得到證實。在我們所知的世界中，聲音是以聲波形式存在的，雖然看不見、摸不著，但它確實擁有速度。這不禁讓人思考，人類的意識或思想是否也具備速度呢？

人類的大腦有140億個神經元，我們的思想就是這龐大神經元之間信息交流下的產物，讓我們產生複雜的思考和感知。由此可知，人類思想的力量是強大的，甚至超乎我們的想像。相信大家都聽說過吸引力法則吧，這是一種思維影響結果的概念，正面的思考能吸引正面的能量，負面的思維只會吸引負面的能量，因此我們要培養積極正面的思考，才能創造出自己想要的結果，心想事成並不是一句口號，是真的會發生的事情！

吸引力法則

我們經常聽到「三分天注定，七分靠努力」，這句話告訴我們，命運雖然會有影響，但更關鍵的還是個人的努力。就好比你被算出有當皇帝的命格，但你不出門又如何當皇帝？或是你容易遭遇不幸，但若不出去嘗試，憾事也難以發生呀。

很多人會去改名來換取好運，但影響運勢的其實並非名字而是我們的個性。個性就是我們思想的折射，我們怎麼想就會怎麼展現出來，改變負面的思維才是邁向新人生的關鍵。只改名字卻不跟著改變性格，人生並不會有所改變！有的人總覺得自己命苦，是因為另一半的名字跟他的名字對沖，讓他的能量被對方消耗光了，但問題真是如此嗎？有沒有考慮過為什麼會吸引到這樣的人？是否太容易相信甜言蜜語？是否只關注外在而忽略了內在？種種問題都跟我們個人的思想有關，其實只要改變擇偶觀念，一切都能改變。

很多人會抱怨自己總是找不到理想的工作或是公司不栽培他，我就會納悶，他們有沒有反思過自己的行為？是否真誠地填寫履歷，披露內心真正的目標？其實，這些人只要轉變自己的思想模式，不論性格、內在，甚至外在形象都會跟著改變，這就是無形的力量——吸引力法則！我始終相信我們所思可以成就我們所想，所以請你好好想一下，利用思想的力量，達到你所要達到的目標。

當我們的思想變得清晰，我們便能以智慧的言辭和具體的圖像引導人生走向更美好的方向。追求富裕的人生，首要任務就是讓自己的思想如大海般充滿豐盈，將所有能量與身體細胞聚焦在一個舒適、開心、愉悅的理想目標上，全心全意投入，堅定不移地朝目標邁進。這是一個漫長的旅程，需要一點一滴的努力，觸碰希望的邊緣，逐步走進理想目標的中心。

這個旅途終點，我們的淚水和汗水將化為微笑，當我們伸出手臂，抓住名為成功的手杖、高舉果斷得來的榮耀，這一幕我們想像的美麗圖景將化為真實！

新的人生體驗需要果斷和勇敢來實現。堅信自己，擁有積極的思想動能和行為模式，實現完美、成功、滿足、快樂的人生，這就是你所擁有的。

創業 5 Why

5 Why 分析法源於豐田公司的大野耐一，他是著名的豐田生產方式創始人，有生產管理教父之稱。在一次新聞發布會上，有人問：「豐田公司的汽車品質怎麼會這麼好？」他回答說：「我碰到問題時至少要問 5 個為什麼。」這一套豐田生產方式（Toyota Production System）幫助豐田汽車大大降低成本與縮短交貨期限，同時提高產品品質，使得豐田汽車與德國大眾汽車和美國通用汽車共同為世界三大汽車製造商。

如果你想創業，請試著回答以下的問題，當你找出答案後，你自然會比其他人更容易創業成功，這就是著名的 5 Why 分析法！

大野耐一

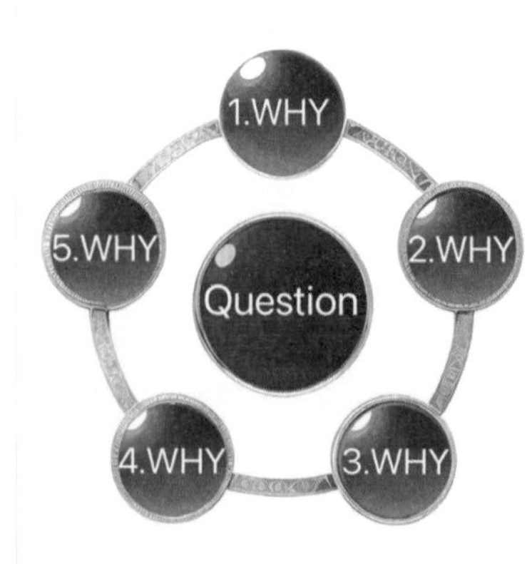

圖片來源：維基百科

假設問題：如何讓消費者像口香糖般反覆購買我的產品？

◈ 關注產品

- 喜歡產品
- 想要購買
- 已經購買
- 重複購買

如果實在想不出來，請直接連絡葉媽媽居家清潔公司，我們已經準備好答案要跟你分享。

世界虐我千百遍，我待世界如初戀

我也會生氣，也會感到難過，但我從不氣餒。在看到蘇軾的經歷之後，便覺得自己遭受到的挫折和磨難好像也沒那麼難以忍受了。那麼一代文豪蘇軾到底經歷了哪些磨難，他又有什麼樣的反應呢？

蘇軾，號東坡居士，是北宋時期的文學家、政治家與藝術家，他年紀輕輕就擔任大宋的中央官員，然而，震撼朝野的「王安石變法」卻改變了他的人生軌跡。王安石為了充盈空虛的國庫向百姓增加稅收，造成百姓負擔，蘇軾認為應該以民為本，不應該取富於民，所以對新法持反對意見，還寫下了著名的《萬言書》。這一舉動激怒了王安石，歷經「烏臺詩案」文字獄險些喪命，沒多久蘇軾就被貶到黃州，在那裡當一個空虛又沒有實權的文官。

在黃州無所事事的日子裡，蘇軾時不時感慨，不明白自己一心為國為何會落入如此境地。一時的挫折讓他陷入沉思，終日借酒澆愁，怨嘆人生的不公。有一天，他突然想通了，寫下《定風波》，一句「竹杖芒鞋輕勝馬，誰怕？一簑煙雨任平生」傳達出他的豁達與灑脫。這種轉變使他得到了解放，走出被貶的陰霾，自此笑看人生。

在推動新法上，司馬光與王安石持不同意見，兩人因政見不同而決裂，等到王安石下台，改由司馬光執政後，在他的提攜下蘇軾又回到中央當三品大官。然而，在聽到司馬光要將新法全部廢除時，曾經反對王安石變法的蘇軾此時心態有了轉變，在經過多年歷練之後，他體認到變法其實有利有弊，全部廢除有損部分百姓的利益，不應該一刀切除，因此向司馬光提出反對的意見。這一刻讓我們看到，蘇軾在乎的不是官場利益或是自身尊嚴，而是百姓福祉。司馬光駁回了他的建議，蘇軾只好選擇離去，因為道不同不相為謀。

蘇軾的人生總是復召還朝，始終以人民的利益為先，永不改變，他用他的一生告訴我們一個道理，世間醜陋、不公或是無理都不是重點，只要我們站在美好的角度看這個世界，我的眼裡都是美好的，即使面對種種困難，只要保持正面的心態，這個世界依然陽光燦爛。

自然法則——順其自然

在自然界中，萬物生靈都有趨利避害的本能，為了生存，生物們展現出各種令人驚奇的進化技巧。例如，大家都聽說過壁虎會斷尾求生，只要受再生激素激活，就能長出新的尾巴。大家也聽過，貓頭鷹的腦袋可以翻轉 360 度，雖然沒那麼誇張但貓頭鷹確實可以左右轉動 270 度，上下翻轉 180 度，貓頭鷹的頭之所以能靈活移動，跟牠們的捕獵行動有關。貓頭鷹的眼眶內有一個叫鞏膜環的結構，在貓頭鷹俯衝獵物時，能防止高速氣流對眼睛造成傷害，但同時也限制了眼球的活動，因此，貓頭鷹要想更好地判斷周圍的環境，就需要靈活移動自己的脖子。

角蜂眉蘭

變色龍可以根據周遭環境來改變體色，變成與環境融為一體的保護色，這是一種自我保護的機制。地中海有一種叫角蜂眉蘭的花，花朵艷麗而小巧，花瓣上有細小的茸毛，還有許多棕色花紋，長得很像雌性角蜂的身體，並分泌出雌角蜂的性激素，因此能吸引雄性角蜂來

幫它們傳授花粉。

這幾個例子都是生物們在生存過程中所進化出一種保護自己的本領，我們人類也一樣，每一次的經歷都是我們成長的養分與動力，這些變數將決定我們的生存模式，每個人都可以因為自身環境因素來調整自己的生存方式，讓自己能更加融入到社會中，取得平衡而自在的生活模式，只要依循順其自然的自然法則就能辦到。在變幻莫測的人生中，順其自然或許是一種最簡單、最真摯的指引，引領我們走向充滿智慧和愉悅的生活。

失敗是成功的跳板

人生的旅途中，難免會遇到各種挑戰和難關，而失敗更是無法避免的一環。然而，眾多成功者的故事告訴我們，失敗並非終結，反而是通向成功的捷徑。這裡，我們將透過一系列成功者的故事，見證失敗對於個人成長和事業發展的正面影響。

天才發明家湯瑪斯 · 愛迪生：

《紐約太陽時報》記者採訪道：「愛迪生先生，您目前的發明曾經失敗過一萬次，您對此有什麼看法？」

愛迪生這麼說：「年輕人，你的人生旅途才剛開始，所以我告訴你一個對你未來很有幫助的啟示，我沒有失敗一萬次，我只是發現了一萬種行不通的方法。」

對愛迪生來說，一萬次的失敗都是最後一次成功的基石，他試了一萬種開啟成功的方法，只是最後一次嘗試終於成功了。愛迪生的這番話將失敗視為成功之路上的探險，每一次嘗試都是對未知領域的探索，而非失敗的終點。

石油大王約翰 · 洛克菲勒：

夢想＋失敗＋挑戰＝成功之道！

石油大王也是世界第一位億萬富翁的約翰 · 洛克菲勒總結他的成功，除了夢想和勇於挑戰之外，失敗也是重要的元素，在他眼中，在實現夢想的過程中，失敗是一種必然的經歷，而正是這些挫折與困難，成就了最後的成功。

美國前總統亞伯拉罕 · 林肯：

這只不過是滑了一跤而已，並不是死了爬不起來。除非你放棄，否則你就不會被打垮。

這句話透露出一種戰勝逆境的信念，林肯對於失敗的看法讓我們明白，真正的挫折不是失敗本身，而是選擇放棄。

商界哲學家安德魯 · 卡內基：

結束是另一個開始！

這種樂觀的心態讓我們明白，失敗不是終點，而是重新出發的契機。

世界首富伊隆 · 馬斯克：

失敗很正常，如果沒有經歷失敗，表示你還不夠創新。

Failure is an option here. If things are not failing, you are not innovating enough.

世界首富伊隆 · 馬斯克以他獨特的行事作風而著稱，他的這句話正彰顯出他那創新而又超越常識的思維，傳遞出一個現代企業家對於失敗的全新觀點，即在創新的道路上，失敗是成長的動力。

台灣晶片教父張忠謀：

沒有人的生命是完整無缺的。

台積電素有台灣護國神山的稱號，創辦人張忠謀也是相當成功的企業家，其實也會遭遇失敗，讓我們了解到，人生不會是一直完美的，一定會有遺憾、有缺失、有求而不得，學會包容這樣的多變與不完美，我們的人生才能迸發出燦爛的煙火。

中國首富馬雲：

即使最後失敗了，你也獲得別人不具備的經歷。

這句話告訴我們，失敗不是一無所有，它是有價值的，它讓我們得到不一樣的經驗與教訓，這是失敗所帶來的獨特價值，是成功者獨有的寶藏。

中國女演員范冰冰：

一個人最少要在感情上失戀一次，在事業上失敗一次，在選擇上失誤一次，才能真正的長大。

這是范冰冰在情感和事業上受過挫折後所提煉出的看法，失敗就像人生路上的老師，教我們學會如何成長。

珠海格力董事長董明珠：

人生就是這樣，總會有烏雲遮「眼」的時候，但也總會有雲開霧散的一天，只要你堅持按自己的理想走下去，就一定會有成功的一天。

企業女強人董明珠以她過來人的經驗告訴我們，人生充滿了挑戰和烏雲，但只要堅持按照理想前進，就必定會有成功的一天。

攜程旅行網 CEO 孫潔：

付出別人不願付出的努力，也會成功。

如果只做別人會做的事、只照別人的軌跡行動，你也只是眾多的一分子，只有去做別人不願去做的事、開創自己的道路，才能走出一條不一樣的道路來。

中國平安集團聯席首席執行官陳心穎：

創新最大的失敗就是不嘗試。

正如愛迪生所言，他只是發現了一萬種行不通的方法，而不是經歷了一萬次的失敗，正確的心態才是開啟成功的鑰匙。

在這些成功者的故事中，我們看到了失敗作為成功的跳板的種種證據。無論是愛迪生的實驗，還是馬斯克的創新，還是馬雲的失敗論，每一次的失敗都是一次寶貴的學習機會，也是助力這些人從失敗邁向成功的契機。他們並沒有因為失敗而氣餒，反而從中獲取力量，堅持夢想，最終走向了成功的巔峰。

因此，我們可以得出結論，失敗並非生活的終點，而是通向成功的必經之路。成功人士都用行動告訴我們，面對挫折與失敗，無須感到沮喪或一無所獲，我們應該懷抱樂觀的態度，將其視為成長和學習的機會，堅持不懈地走向夢想。失敗只是成功路上的一站，而真正的成功者是那些從失敗中站起來的人。讓我們以這些成功者為榜樣，勇敢面對失敗，並將其轉化為前進的動力，迎接更加燦爛的未來。

失敗與成功

人體內的小宇宙

科學早已證實，宇宙萬物的本質就是能量，宇宙的一切都是靠能量的轉變而運作，愛因斯坦的質能方程式也指出，物質就是由能量所組成的。

大衛・霍金斯博士（Dr. David R. Hawkins）是著名的意識能量研究先驅，是科學家也是靈性導師，他與諾貝爾物理學獎得主合作，運用人體運動學的基本原理，經過近三十年的臨床實驗，他發現，人類在不同的意識層次下會有不同的能量指數，而且這些意識能量全都一致，人體會隨著精神狀況（意識）的不同而有能量強弱的起伏。霍金斯博士根據研究數據，把人類的意識劃分成 17 個層級，每個層級都對應著特定的能量指數。以「勇氣」為基準的話，勇氣以上的 8 個情緒層級屬於「能量」（Power），「勇氣」以下的 8 個情緒層級被歸為「壓力」（Force）。霍金斯的發現讓我們知道，能量的高低會影響我們個人的情緒，能量越低，我們會變得更加脆弱、更加不健康、生命缺乏活力和動力，並且受到環境左右。

霍金斯的情緒能量表

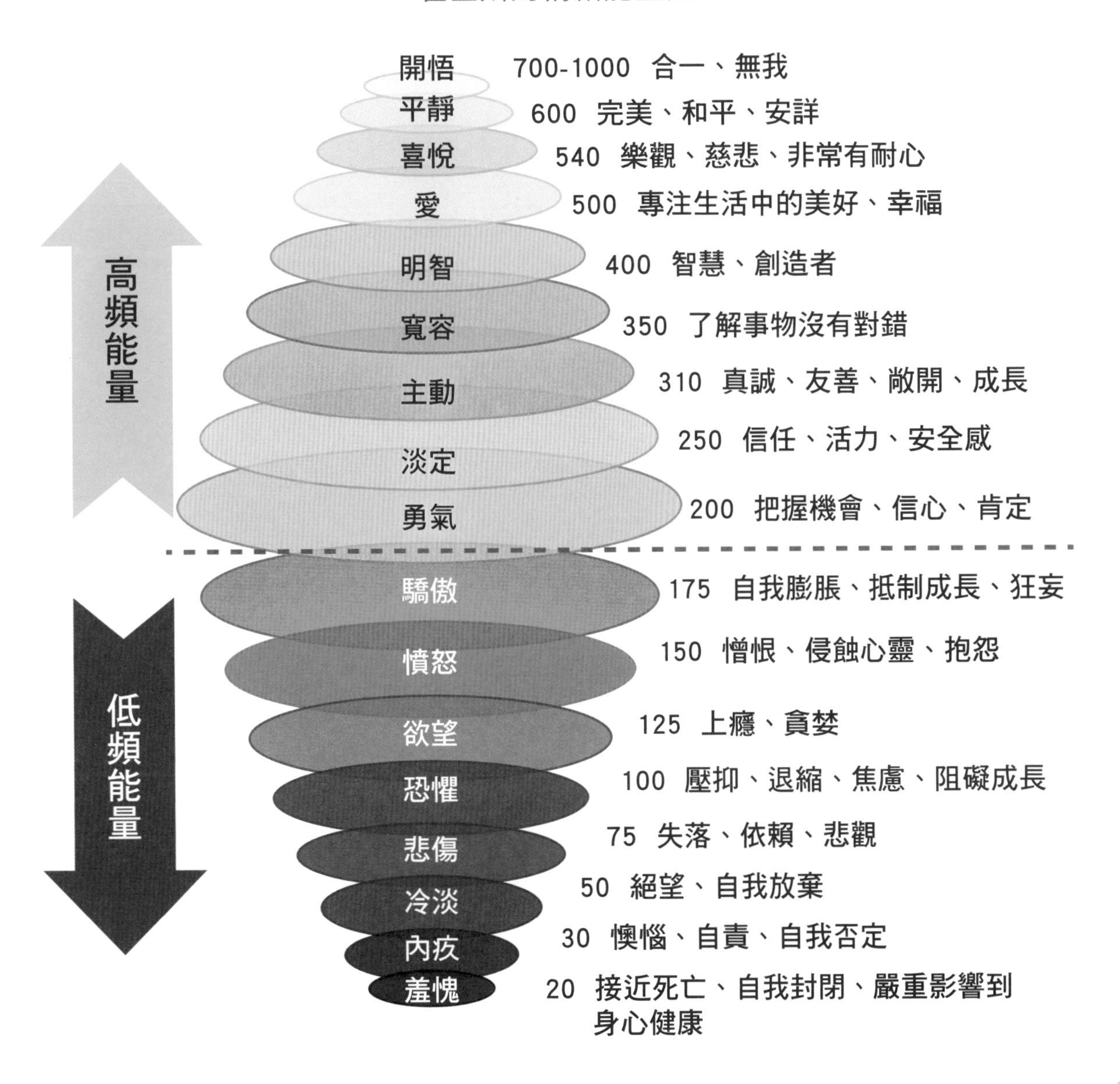

以下針對各個情緒能量做簡單補充：

一、羞愧（Shame，20）

大型的社死（社會性死亡）狀態，讓人沒臉見人、自我封閉，對身心健康產生嚴重影響。例如：真是太丟人了，我竟然拉鏈忘了拉，一路從家裡就這樣搭捷運到公司，一定很多人都看到了，我沒臉見人了，要如何活下去。

二、內疚（Guilt，30）

懊惱、自責、自我否定或是有被害妄想症，總認為這個世界對自己充滿不公平，因而產生報復心態。例如：我賭馬輸了 200 元，200 元我都可以拿來買高級一點的便當吃了，我怎麼會去賭馬，早知道拿來填飽肚子就好了。

三、冷淡（Apathy，50）

因為看不到希望、未來和陽光，所以總是顯現出絕望、自我放棄的狀態。他們更多是缺乏運氣和希望，如果一直得不到外在幫助，很可能會潦倒致死。例如：唉！反正我就是窮，就是這麼沒運氣，怎麼買彩券就是不中，以後再也不買了。

四、悲傷（Grief，75）

感到失落、依賴或悲觀。總是感嘆自己沒有別人那麼幸運，處於懊悔、消沉或悲傷的狀態，眼界所及，都是灰色黯淡的世界。例如：唉！連 200 塊的發票都中不了，怎麼別人都那麼幸運，就我這麼倒楣呢。

五、恐懼（Fear，100）

由於缺乏安全感，總覺得世界充滿危險、威脅和陷害，一旦開始注意到危險，就會出現壓抑、焦慮、退縮、不安，陷入恐懼的輪迴。例如：我中樂透的話，會不會到時不給我錢？要去領獎的話，彩券到時候會不會不翼而飛？想想就好可怕唷！

六、欲望（Desire，125）

欲望有好有壞，壞的欲望會讓人上癮、貪婪。積極的願望可以引導我們走向有成就的道路。例如：嘿嘿！我這次花 200 元買彩券中了 300 元，下次會不會 200 元就中頭獎呢？那我要瘋狂買彩券了！

七、憤怒（Anger，150）

欲望得不到滿足會造成挫折，進而帶來憤怒的情緒，這種情緒會逐漸侵蝕我們的心靈，如果沒有得到抒發或找到寬恕的方法，就會產生報復社會的心理。例如：超級過分！樂透根本是騙人的！說是做慈善，只會騙我們窮人的錢，卻不會讓我們這些窮人中頭獎！

八、驕傲（Pride，175）

驕傲來自於自我膨脹，容易自以為是，傲慢、苛薄、挑剔與充滿攻擊性，如果自身條件不足，也可能是因為自卑產生的自大，一旦被戳破，容易跌到更低的能量層級中。例如：哈哈，我花 200 元買彩券中了 1,000 元，我實在太幸運了，我是個非常有偏財運的人，所以我應該要一直買，因為我會一直中。

九、勇氣（Courage，200）

勇氣是讓生命產生動能的開始，是拓展自我、努力向上、獲得成就的根基。如果說之前的能量世界是灰暗、無助、失落、恐怖的，一旦來到了勇氣這個階級，我們看到的世界將是陽光的，生活是充滿挑戰與樂趣的，我們是有能力去把握生活中的任何機會的。例如：雖然這次買的樂透沒中獎，但下次節日獎項加碼時再來買，中獎機會搞不好會更多一點呢！

十、淡定（Neutrality，250）

對一切事物都冷靜看待。來到這個能級，我們不會再感到挫敗和恐懼。淡然面對一切，這是一個有安全感的能級。來這個能級的人們，都是很容易相處的，讓人感到溫馨可靠。他們無意於人爭辯。這樣的人總是從容，不會去強迫別人做不喜歡的事情。例如：

A：嘿，我上次買樂透有中獎耶，你也要一起買嗎？

B：不用了，謝謝。

A：好的，那我就自己買囉。

十一、主動（Willingness，310）

如果是淡定層級的人，會如實完成工作；如果是主動層級的人，會有更出色的表現。例如：同事有困難時，會主動伸出援手，並把事情當成自己的事來完成。

十二、寬容（Acceptance，350）

這個層級的人通常不會對人事物指手劃腳，他們認知到世界就是這個樣子，而自己則是自己命運的主宰，不怕解決問題，自律和自控是他們顯著的特點。例如：出門買東西遇到服務態度不好的店員時，不會想太多也不會憤怒回嘴，沒有造成延續性的問題就好。

十三、明智（Reason，400）

超越了感情化的低量級，來到了智慧與理智的階段。經過知識和教育的洗禮下，品德、思想、智能和理解力都有了質的飛升。愛因斯坦、弗洛伊德、諾貝爾獎得主以及很多其他歷史上的思想家都是這個層級。愛因斯坦說過：「每個人都是天才。但如果你用爬樹的能力評斷一條魚，牠將終其一生覺得自己是個笨蛋。」（Everybody is a genius. But if you judge a fish by its ability to climb a tree, it will live its whole life believing that it is stupid.）

十四、愛（Love，500）

這裡的愛是指無條件的愛，而不是世俗的愛。愛能讓人成長，讓你用包容的心去看待萬事萬物，並發自內心覺得這個世界是如此美好，是能讓人感到幸福的能級。由於是偉大、無私的愛，所以能達到這個層次的人不到 1%。例如：看到路邊賣玉蘭花的人們，不管是詐騙集團還是不務正業的騙子，你都會跟對方買玉蘭花，希望讓他們提早下班回家別受風寒。

十五、喜悅（Joy，540）

當愛開始越趨近於無限的時候，它就會轉化成內在的慈悲。到達這個境界的人，內心力量非常強大，具有超乎常人的耐性以及面對困境的樂觀態度。他們能對其他人產生正面的影響，帶來愛和平靜。例如：帶著喜悅的心情，把任何困難的人事物都當作一個可愛又無知的新生命，來呵護照顧，使其成長完整。

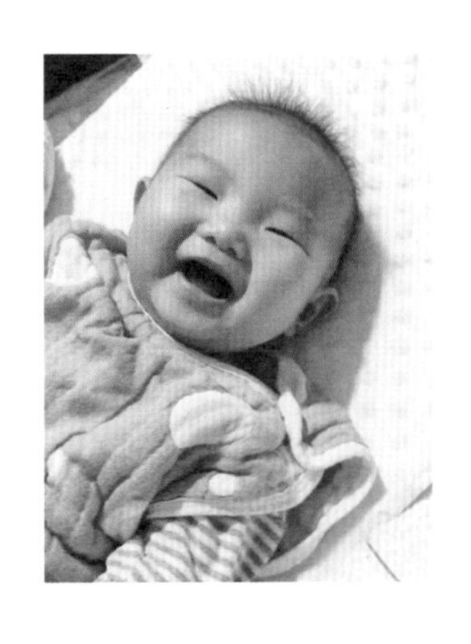

十六、平靜（Peace，600）

進化到自我實現、佛法與基督意識有關的精神世界，達到了一種超越世俗的寧靜狀態。這種人會去探索生命的意義，同時幫助更多人覺醒並走上心靈成長之路。例如：已經不在乎你說的是對是錯，是煩惱還是困難，於他心裡，他只想帶你去一個安靜美麗的深山裡，聽著瀑布洩下的聲音，讓大自然告訴你，是時候該平靜了。

十七、開悟（Enlightenment，700-1000）

超越一切、全知全能，意識與神性合而為一，他的存在足以影響全人類，是能讓人歷代跟隨的精神模範與偉人等級。

每一個能量級都代表著一種情緒狀態和相應的思維方式，這些能量級也反映了個人在生活中的整體感受和態度。隨著能量級的提升，人們更傾向於擁有積極、愛的能量，並能更好地理解和面對生活的種種。成功的創業者通常能夠保持積極的能量，他們處於「能量」層級的高水平。這種積極的能量來自於他們對事業的熱情、對未來的信心以及對挑戰的積極應對。他們擁有高振動頻率的精神狀態，這使得他們能夠更好地應對困難，發現機會，並在競爭激烈的市場中脫穎而出。

相反，處於「壓力」層級的人可能會感受到情緒的低谷和生活的困境。這種低振動頻率的狀態可能會影響到個人的創造力、決策力和工作效能。在創業過程中，這種狀態可能成為阻礙個人發展和事業成功的絆腳石。

因此，要想在創業的道路上取得成功，個人需要不斷提升自己的能量水平，保持積極的意識狀態。這包括培養積極的心態、樹立清晰的目標、保持健康的生活方式等方面。這樣的作法能夠幫助創業者更好地應對挑戰，保持創業過程中所需的活力和動力。

4.2 微創業啟動計畫

葉媽媽微創業宗旨

看到這裡，相信大家對我們葉媽媽居家清潔都有一定的了解了，我成立葉媽媽有幾個目的，首先就是解決缺工問題，現在資方找不到人力，人力找不到合適的工作，雙方欠缺一條連繫的管道。我們葉媽媽除了自己招募人員，培訓成專業的團隊之外，我們也作為平台把工作機會媒合給加入我們微創業方案的小老闆們，既解決了我們訂單消耗不完的問題，也把資源和人力做最有效率的安排，解決了資方找人，人缺工作的問題。

其次，我們想解決清潔行業的「門面」問題。由於清潔業普遍存在一些刻板印象，認為清潔從業者入門門檻低、不專業、體力活、沒錢途，市場沒有統一的培訓體系，提升從業人員的專業素養，並進行收費上的統一，導致產業印象不佳、前景堪憂，這是我非常不樂見的，尤其當我深入這一行之後，我發現這些問題其實都是可以解決的，而且是能往更好的方向改善，如果能翻轉社會對清潔業的既定印象，那整個產業前景將非常可觀。至於如何改進，我在前面章節已經詳述過了，目前都執行得很順利，也歡迎有興趣的夥伴，加入我們，享受與葉媽媽一起成長茁壯的樂趣。

最後，也是最重要的一點，我自己是創業人，所以也想幫助大家安心創業。我一步一步在完善葉媽媽的品牌形象，健全公司制度，給員工一個安心就業與成長的環境，就想從內而外地向社會宣布，清潔服務產業也可以很專業、很高科技、與時俱進，在提供高品質服務的同時，也會注意客戶隱私與員工權益，用這樣的印象扭轉大眾對我們清潔產業的印象，一來，加入我們微創業方案的小老闆們就能背靠業媽媽這棵大樹，順利跨出創業的第一步，再者，我們也起到了領頭羊的作用，帶領同業一起把清潔產業整治得更好，讓市場越做越大，有蛋糕一起吃。

葉媽媽微創業計畫

葉媽媽微創業計畫目的是在解決目前公司人力短缺的問題，同時致力於品質的發揚光大。在這個計畫中，我們尋求有志之士的參與，各部門的精英主管招攬，共同攜手打造專業、高品質的清潔服務，解決市場參差不齊的現象。

解決人力短缺問題

目前，公司面臨業務擴大而人力短缺的困擾，這不僅影響了業務擴張的速度，更阻礙了提供優質服務的可能性。加入葉媽媽微創業計畫的首要目標之一是解決這一問題。我們歡迎有志從事清潔行業的人才，與我們攜手合作，共同推動公司的發展。

將品質發揚光大

清潔行業目前面臨的一大困擾是參差不齊的服務質量。市場上存在著不專業的清潔員，價格雜亂無序，讓消費者難以選擇。葉媽媽微創業計畫將致力於提升整體行業的品質水平，讓客戶能夠信賴、滿意地選擇葉媽媽的清潔服務。

虛實整合，拓展市場

與年代新聞行銷合作，
開辦線上課程

葉媽媽居家清潔公司也致力於拓展新市場，積極開發線上資源，我們除了與年代新聞「豐年代」攜手合作，行銷推廣我們的合作夥伴與相關理念。此外，我們也定期開辦線上線下課程，讓更多人能更方便地接受教育、獲取新知，我們期待這樣的線上線下並

進，能為公司發展帶來更多的價值和機會。

拯救失業人口不只是口號

☑ 當您是年長者，我們給您一份固定時間、地點的工作！

☑ 當您是單親爸媽者，我們給您能夠接小孩上下學的工作！

☑ 當您是全職有能力者，我們給您績效考核升遷管道！

☑ 當您是專業清潔者，我們給您舞台管理階層員工！

☑ 當您是講師，我們給您講台讓您大放異彩！

這不只是我們的口號，也是我們的承諾！

葉媽媽加入條件

如果您對我們的微創業計畫感興趣，歡迎聯繫我們的招商專員，我們將提供您詳盡的加入資訊和流程。這不僅是一次商業合作，更是一個機會，與葉媽媽一同成長，攜手共創未來。

加入葉媽媽微創業計畫，不僅是迎接挑戰的勇敢舉步，更是成為清潔行業中的領航者，引領品質的提升，為顧客提供優質、可信賴的服務。只要您具備並接受以下條件，葉媽媽期待您的加入，一同開創清潔服務新局面！

加入條件及相關要求

1. 擁有良民證
2. 須通過葉媽媽學術科考試
3. 想使用葉媽媽公司名稱工作者，須把住家登記為葉媽媽 Google 地址
4. 每一件居家清潔案子，總公司只收取少許服務費
5. 負評太多者將取消接案資格
6. 負評太多者可重新訓練，重新出發（每人擁有一次機會）
7. 沒有良民證者，只能上課不能接案
8. 為了在保證回本的時間內完成任務，不得挑工作；如果有不願意接的工

作，就必須要重新排隊叫號

9. 總公司會照加入專案的順序來安排工作

這裡跟大家解釋一下為什麼要開這些條件。對於想加入葉媽媽微創業計畫的朋友們，良民證是我們的底線，我們必須先在一開始就幫客戶做好把關，引介無不良紀錄的優質夥伴，讓客戶對我們的服務感到安心與信心，用心維護葉媽媽這個品牌，讓更多人可以在葉媽媽這棵大樹底下乘涼，享受更多好處。

我們把葉媽媽的品牌形象做好，對參加微創業的夥伴們是利多的，您可以使用我們葉媽媽公司的名字去接案，不但能提升您的業務形象，您也可以受益於公司積累的口碑和品牌價值。如果您想自立門戶，我們也歡迎您加入計畫，您可以在合作中保留自己公司的名稱，同時享受與葉媽媽合作的種種優勢，實現雙贏的局面。

至於第 8 點與第 9 點，為保障加入計畫的夥伴們都能在規定的時間內順利回本，公司是採用先來後到的原則來安排工作的，例如有五位創業夥伴，就會按他們加入的時間來安排工作，讓每個人都有機會接案。接案是隨機的，基本上不能挑選，如果真的遇到不想接的案子，就只能等到下一個輪次，對其他人才公平。

加入以下三種方案，讓葉媽媽幫您完成夢想

葉媽媽提供三種不同收費的方案，分別是 6 萬元、50 萬元和 150 萬元。不論哪一個方案，都包含免費的培訓課程，且享有終身的受訓資格。要提醒您的是，加入方案並不代表就是加盟，只是過來上課培訓，提升技能和接受更多專業知識，至於能否加盟，公司會根據情況來評估是否有加盟的資格，如果您是一個表現優良的老闆，我們就會考慮跟您洽談加盟與後面的合作事

宜，但目前我們還沒有把加盟納入我們的微創業計畫中。

在我們的微創業計畫中，我們提供一個獨特的承諾，利用一邊培訓一邊工作的特性，不但讓您取得專業技術，也確保您的投資能夠在期限內回本，換句話說，等到方案結束，您不只拿回了原本投資的金額，還免費上了專業的培訓課程，取得獨立接案的能力，可以說是一石三鳥。心動了嗎，那就來看看究竟哪一種方案最適合您吧！

方案一：「6 萬微創業」兩個月以內保證回本

實現創業的第一步，僅需投資 6 萬元，即可快速回本。本方案為您提供創業的基礎支援，確保您事業能成功起步。無論您是否有經驗，葉媽媽將透過三個月的緊密培訓，讓您掌握清潔專業技能，並透過總公司提供的案件實戰，讓您能夠在短時間內獨當一面。只要投資 6 萬元，即能收穫價值高達 20 萬 900 元的回饋，您獲得的不只是收益，還有終身免費的教育資源和實用手冊。只要您不偷懶、不挑工作，保證在兩個月內就能回本。

方案特色：

☑ 教您如何接案，不用擔心結訓後找不到工作（價值 8 萬元）

☑ 終身免費回本部上教育課程（價值 12 萬元／一年）

☑ 免費贈送教學黃金手冊三本（價值 900 元）

以上總價值為 20 萬 900 元，只需投資 6 萬元即可享受物超所值的回饋！

（註：活動開始前條件可能會有異動，請以官網公布為主！）

方案二：「50 萬微創業」一年內回本

針對更有野心的您，50 萬微創業方案將為您的事業帶來更多可能。本方案提供全面的支援，從案件接洽到經營管理，都有總公司的專業指導。無論您是否有過經營經驗，葉媽媽將透過完整的教育訓練、免費的平台推廣、政府標案教學等，從多個維度把您打造成專業的賺錢機器，確保您在一年內取回本金。50 萬元的投資就能收穫價值高達 75 萬 7900 元的回饋，是您實現創業夢想的最佳選擇。

方案特色：

◈ 教您如何接案，不用擔心結訓後找不到工作（價值 8 萬元）
◈ 終身免費回本部上教育課程（價值 12 萬元／一年）
◈ 免費贈送教學黃金手冊三本（價值 900 元）
◈ 一年的年代免費平台廣告費（價值 6 萬元）
◈ Covid-19 的消毒課程（價值 12,000 元）
◈ 政府補助課程教學（價值 5,000 元）
◈ 線上線下師資培育（價值 20 萬元／一年）
◈ 政府標案教學（價值 3 萬元）
◈ 吸塵蟎教育與接案（價值 25 萬元）

以上總價值為 75 萬 7900 元，只需投資 50 萬元即可享受物超所值的回饋。（註：活動開始前條件可能會有異動，請以官網公布為主！）

方案三：「150 萬微創業」兩年內回本

對於追求更大夢想的您，150 萬元的投資將為您開啟更廣大的事業領域。本方案提供全方位的支援，包括高額廣告費用、各項課程培訓、政府標案教學，以及免費的裝潢服務，保證讓您在兩年內就能取回 150 萬的本金，還能獲得價值高達 225 萬 7900 元的回饋，讓您事業從一開始就站在頂尖水準。只要您勤奮向上，保證兩年內回本。

☑ 教您如何接案，不用擔心結訓後找不到工作（價值 8 萬元）
☑ 終身免費回本部上教育課程（價值 12 萬元／一年）
☑ 免費贈送教學黃金手冊三本（價值 900 元）
☑ 一年的年代免費平台廣告費（價值 6 萬元）
☑ Covid-19 的消毒課程（價值 12,000 元）

☑ 政府補助課程教學（價值 5,000 元）

☑ 線上線下師資培育（價值 20 萬元／一年）

☑ 政府標案教學（價值 3 萬元）

☑ 吸塵蟎教育與接案（價值 25 萬元）

☑ 免費裝潢（價值 150 萬元）

以上總價值為 225 萬 7900 元，而您只需投資 150 萬元即可享受物超所值的回饋。（註：活動開始前條件可能會有異動，請以官網公布為主！）

為什麼能保證回本？

我們向您承諾，若您選擇 6 萬元的方案，我們將確保您在兩個月內回本；選擇 50 萬元的方案，我們保證一年內回本；選擇 150 萬元的方案，我們則確保您在兩年內回本。為什麼我們敢開出這樣的承諾呢？那是因為我們公司的工作量非常大，我們甚至有接政府的標案，因此我們自己也消化不完這麼多的訂單，加上我們將提供全程的協助和輔導，確保每位創業者都能夠順利實現回本的目標，這也是我們微創業計畫的第一步。

可能會有人想問，公司如何確保創業者回本呢？其實，只要加入任一方案，公司都會記錄並追蹤，直到方案結束（回本）為止。比如您加入的是 6 萬塊的方案，在您加入後，公司將持續追蹤和記錄您的工作進程，包括分配的任務和相應的報酬。我們的目標是在您投資的特定期限內協助您回本，一旦達成了回本這個目標，您的專案也將成功結束，我們給予的承諾也落實了。

後續如果您想要進階到 50 萬的方案，一年內我們同樣會追蹤您給您工作直到讓您回本 50 萬；如果您想進階到 150 萬的方案，那我們就會持續照顧您並讓您在兩年內回本 150 萬。

這個微創業計畫的目的就是讓您在不虧錢的前提下讓您得到受訓，因為我們的公司文化就是追求互相尊重、互相幫忙、互相體諒，我想讓很多像我一樣的婦女同胞或是忙於工作沒有時間整理家務的職業婦女們，由於有我們的服務，讓他們可以專注在更重要的事情上，比如把時間拿去陪伴家人孩子、做自己有興趣但一直沒時間去做的事等等。也能減少社會上的失業率，為什麼？因為相較於其他產業，這一行入門門檻低，也不需要什麼高難度的技術可言，只要照著指示與步驟，每一個人都能獨立完成作業！無論您是年長者、單親爸媽還是想找兼職賺外快的寶媽，都歡迎加入我們的行列，我們這裡可以讓您根據自己的時間來接案，您想多點收入我們就幫您多安排工作，工作時間彈性，職場環境互利互助。我們相信，這樣的多元化職場可以激發更多潛在的能量，讓每個人都能在工作中找到屬於自己的價值。

我們的回本機制就是按加入方案的順序來分派工作，加入時，每個人都會得到一個編號，這個編號就是派發工作的順序依據，先加入的人編號會比較靠前，就能優先被安排工作，例如，1 號先獲得工作，接著是 2 號，以此類推。這樣的系統確保了公平分配工作，讓您有機會賺到您期望的收入。

如果您想持續與葉媽媽合作，賺到更多桶金，這也是有可能的。我們專案的初衷是讓您先支付一筆學費，透過工作所得將您的投資還給您。這是一個簡單而有效的方式。一旦您與葉媽媽建立了合作，您就成為我們熟悉的夥伴。將來若有適合您的工作，我們會優先考慮您，這樣一來您就有更多機會賺錢了！

加入葉媽媽微創業做真正的老闆

加入葉媽媽微創業，你將有機會成為真正的老闆。以下是加入我們計畫的優勢和培訓內容：

＊ 加入任一專案，我們都將提供為期三個月的培訓課程。培訓合格後，就能開始接案。由總公司接案並帶領您執行作業，直到您能獨當一面。

＊ 在工作中遇到任何困難，都可以向總公司請求協助，我們將給予指導並教會您如何解決，確保您能處變不驚地面對任何問題。

＊ 針對不懂管理或經營的老闆們，葉媽媽都有開設相關課程，傳授經營之道。
＊ 教您提升品牌知名度以及吸引更多客戶的方法。
＊ 教您開發新客源以及穩定客源的方法。
＊ 將您如何制定和實施有效的廣告策略。
＊ 教您客服技巧，以建立良好的客戶關係。
＊ 教您提升自己技術水平的方法，以滿足客戶需求。
＊ 教您如何贏得客人的喜愛。
＊ 教您如何成功簽下長期合約，確保穩定的收入。
＊ 教您化解奧客的技巧。
＊ 教您如何在第一年存下第一桶金。

最終的勝利是屬於堅持信念的人

我為什麼要特別強調這一點呢？因為清潔打掃是每個人每天都要做的事，不論你有多有錢、社會地位有多高，難免都要面臨動手做家事的時候，比如家中沒其他人的時候，你得自己打包垃圾、把它拿出去丟，否則家裡就會發臭孳生小黑蚊。當你吃完飯後，是把待洗碗盤放到洗碗槽任其發酸長蚊蟲螞蟻嗎？這些都是日常生活中無法避免的事情。居家清潔是每個人都必須面對的基本需求，不論身分地位。即便你是巴菲特，你也需要自己動手清理垃圾。

居家清潔是每個人都會做的事，如果你來上葉媽媽公司的培訓，取得一技之長，既可幫助自己，還能透過服務他人來賺錢。我們公司現在正計畫成立協會，協會能頒發完業證書，這對受訓合格的人是一紙強而有利的證明，你將是一名合格的專業清潔從業者。這已跳出傳統僕人或奴隸的角色，而是供需市場中發展出的一種新職業。在現代社會，清潔人員的存在不再只是單純的勞務提供者，而是為了讓人們有更多時間去享受人生的生活服務提供者。

我將這個新職業定義為「管家清潔員」，我想打造成在葉媽媽公司工作是一件驕傲的事情，讓我們員工或者是跟我們合作的這些小老闆們一提到葉媽媽，就是一個很有自信而且很驕傲的一件事情！

葉媽媽的終極目標是以英國管家為標準，打造出居家清潔員的頂級版。目前公司的主力仍在教育培訓這一塊，致力於完善清潔人員的技能和服務品質，所以我們並沒有在積極打廣告，只有零星請網紅來拍視頻，讓他們親身體驗我們的服務，留下真實的評價。如果服務不好可以給負評，如果有負評那就代表我們有需要進步的空間，我們不怕被人說缺點，因為我們會改進！

最終的勝利屬於那些堅持信念的人。無論想像有多麼遙遠，夢想總是用各種恩惠環繞著我們。這些恩惠同時也是對過去工作忠誠的回報，對未來勤奮耕耘的激勵。當我們有更多想像時，回應也變得更加豐富，渴望越深，實現的速度也就越快。

理想並不是虛無飄渺的，它是實實在在的，透過努力可以實現。就像將一顆種子種在土壤中，細心努力灌溉它，它就會發芽，茁壯結出果實。將我們渴望的事物看成一個已經存在的事實。首先，我們要相信我們的渴望已經實現，接下來就必然會看到它的實現。加入葉媽媽，一起堅持相信並努力不懈的奮鬥，你將達到新的里程碑。

4.3 1000 元優惠券

感謝購買本書並看到這裡的大家，說了這麼多不如親自體驗來得有用，所以這裡回饋一張「1000 元優惠券」，可用於居家清潔方面的服務費用折抵。如果你預約的是「居家清潔 4H」的項目，原價 2,600 元，折抵後只要 1,600 元，用 1,600 元來幫家裡做一次 4 小時的深層清潔，應該還是蠻划算的。此優惠適用於首次客戶，一人限用一次。除了居家清潔外，也可以用在其他項目的折抵，但有些項目需要現場估價，詳細內容可以上我們官網查詢。

預約項目（含收費）			
◈ 居家清潔 4H	2,600 元	◈ 清水塔	線上、到府估價
◈ 家事服務 4H	3,000 元	◈ 各空間消毒	線上、到府估價
◈ 裝潢細清	線上、到府估價	◈ 辦公室清潔	線上、到府估價
◈ 大掃除	線上、到府估價	◈ 商辦清潔	線上、到府估價

葉媽媽官網

葉媽媽 Line 預約

使用說明：

請先來電預約，以上項目都適用，使用此券時請直接扣除消費金額，一個項目只能折抵一張千元優惠券。